HMD 254

IT-Controlling

Weitere Themen

Rubriken

dpunkt.verlag

Norman.Zey@gmx.net

Editorial

Das Controlling boomt. In Phasen unsicherer Zukunft und Marktentwicklung werden überall Controller gesucht, im Unternehmen, in Organisationen, ja selbst in der Verwaltung. Ausbildungsgänge und -angebote wachsen wie Pilze aus dem Boden. An Universitäten und Hochschulen werden Spezialisierungen und Vertiefungen angeboten: Unternehmenscontrolling, Vertriebscontrolling, Organisationscontrolling, Personalcontrolling, ja selbst die IT bleibt nicht verschont.

Das IT-Controlling beschäftigt sich mit der Planung, Überprüfung und Steuerung der Informationsinfrastruktur sowie der Anwendungssysteme. Beim Informationsmanagement sind die Controlling-Objekte unterschiedlicher Art: Sie reichen von Informatikprojekten, Informationssystemen, Web-Plattformen, Supportdienstleistungen, Sicherheitsvorkehrungen bis hin zu Personal- und Führungselementen.

Was auffällt beim IT-Controlling, nicht nur in diesem Heft, ist der Trend zu produkt- und prozessorientierten Verfahren, so z.B. für die Leistungsverrechnung. Der Grund liegt darin, dass bei produkt- oder prozessorientierter Leistungsverrechnung die Ausrichtung auf den Kunden besser gelingt. Informatikprodukte und -dienstleistungen müssen ja vom Kunden akzeptiert und bewertet werden. Der Kunde – sowohl der firmeninterne wie externe – möchte die IT-Leistung verstehen, mitgestalten und seinen Bedürfnissen entsprechend nachfragen.

Ein weiterer Trend scheint die Wiederentdeckung des Projekts, besser gesagt des Projektportfolios zu sein. Das Management und das Controlling eines Projektportfolios ist eine anspruchsvolle Aufgabe, da Zielkonflikte, Ressourcenengpässe, Zeitverzüge und Qualitätsprobleme vorprogrammiert sind. Stellt schon das Management eines einzelnen Projektes eine Herausforderung dar, so gilt das sicher auch für das Multiprojektmanagement und -controlling.

Das Schwerpunktheft HMD 254 stellt für Sie, liebe HMD-Leserin, lieber HMD-Leser, die aktuellen Methoden und Techniken des IT-Controllings zusammen. Neben Grundlagen, produkt- und serviceorientierten Verfahren, Methoden für das Controlling von Projektportfolios oder einem Entscheidungsraster für das Outsourcing erhalten Sie vor allem Erfahrungswerte aus konkreten Projekten. Damit gelingt es Ihnen, die Chancen und Risiken und vor allem das Potenzial beim IT-Controlling besser abschätzen zu können.

Controlling stammt bekanntlich aus dem Englischen und bedeutet Steuern und Koordinieren. Auch im IT-Controlling müsste man diesem Grundsatz nachleben, trotz Leistungs- und Kostendruck. Und zudem gilt es nicht zu vergessen, dass Investitionen in die Ressource Information nicht nur quantitativ, sondern auch qualitativ bewertet werden sollten.

Mit den besten Grüßen

Martin Kütz   Andreas Meier

P.S. Noch etwas in eigener Sache: Zusammen mit dem dpunkt.verlag führen die Herausgeber der HMD-Zeitschrift eine Leserumfrage durch. Investieren Sie 5 Minuten und beantworten Sie unsere 6 Kurzfragen auf der Website *http://hmd.dpunkt.de*. Gleichzeitig können Sie an einer Buchverlosung teilnehmen und eventuell ein aktuelles Werk aus dem Gebiet der Wirtschaftsinformatik gewinnen. Uns interessiert Ihre Einschätzung bezüglich Themenauswahl und Qualitätsniveau der HMD-Zeitschrift. Besten Dank fürs Mitmachen!

Herbert Kargl

Hurra – dem Erbsenzählen entwachsen!

Es war ein langer und zäher Weg von der »Verrechnung von EDV-Kosten« und der zaghaften Frage nach der »Wirtschaftlichkeit der DV«, die in den frühen 70er-Jahren des vergangenen Jahrhunderts nahezu den einzigen Gegenstand dieses speziellen Controllings bildeten, bis hin zum »Strategischen IT-Controlling« und zum »Business Alignment der IT« heute (für historisch Interessierte: s. u.). Warum das so lange dauerte? Dafür gibt es verschiedene Gründe: Erstens hatte sich in der BWL Ende der 60er- / Anfang der 70er-Jahre gerade das Controlling etabliert, das sich ausschließlich mit den klassischen Bereichen »Finanzen und Rechnungslegung« eines Unternehmens befasste. Zweitens konnten sich vergleichsweise nur wenige Unternehmen »eine EDV« leisten, die in Form von Zentralrechnern betrieben und zudem vorwiegend im Batch-Betrieb genutzt wurde. Drittens waren aufgrund dieses Konzeptes und der damals üblichen einfachen »Inselanwendungen« (horribile dictu: Solche soll man auch heute noch antreffen!) die EDV-Kosten überschaubar und demzufolge als nicht drückend empfunden – also kein besonderer Anlass, um die »Wirtschaftlichkeit im System« (Deyhle) zu sezieren. (Spitze Zungen behaupteten auch, dass die Geschäftsleitungen es damals nicht ungern vermieden haben, den »EDV-Leiter« nach detaillierten Begründungen zu seinen jeweiligen Investitionsanträgen zu fragen, denn diese seien für sie sowieso unverständlich – also akzeptiere man sie besser.) Viertens war der »EDV-Leiter« (und auch der spätere IT-Leiter noch) nicht selten vorwiegend technisch orientiert und deshalb für betriebswirtschaftliche Fragestellungen oder gar Aufgaben (z. B. Berichtswesen!) wenig zugänglich. Ein fünfter, gewichtiger Grund war jedoch der, dass es noch an Ansatzpunkten, Vorgehensweisen und Werkzeugen fehlte, um die große »Blackbox EDV« dem Controlling zu erschließen.

Das hat sich, wie wir wissen, mit dem Wandel von der »DV« zur heutigen »IT« geändert; auch hierzu lassen sich gute Gründe anführen:

Erstens der Verlust der DV-Abteilung an »Herrschaftswissen«: die Emanzipation der Anwender von der »Bevormundung« durch die »DV-Abteilung«, Fachabteilungen übernehmen Konzeption und Entwicklung von Anwendungen, Fachabteilungen suchen sich externe IT-Dienstleister selbst, und Innovationen gehen zunehmend von der Anwenderseite aus. Zweitens die Rolle der IT im Unternehmen heute: Der Wandel vom Nachfrager-Markt zum Anbieter-Markt, d. h. vom (huldvollen) »Verteiler« von DV-Leistungen zum IT-Dienstleister, der im Wettbewerb mit anderen, externen Anbietern steht, sowie der Zwang zur Profilierung in spezielle, für das Unternehmen besonders relevante IT-Kompetenzen (sonst droht Outsourcing!). Drittens der wirtschaftliche Rechtfertigungsdruck für die DV/IT, denn die großen Rationalisierungspotenziale wurden bereits in der Vergangenheit ausgeschöpft (Personaleinsparungen!), und die Kosten für die IT werden nicht mehr stillschweigend akzeptiert (s. o.), sondern kritisch hinterfragt. Und last but not least – besonders bedeutend – IT als vorrangiger Wettbewerbsfaktor für das Unternehmen bzw. als »Enabler« für Unternehmensstrategien.

Mit dieser Entwicklung musste sich auch das Controlling hierzu wandeln: von dem operativen DV-Controlling (dem anfänglich das abwertende »Erbsenzählen« anhing), das sich mit der Frage der Effizienz der DV (»Doing things right?«) befasste, zum strategischen IT-Controlling, das sich mit den Fragen nach Effektivität der IT (»Doing the right things?«), also nach zielkonformer Nutzung des IT-Potenzials, und nach dem Wertbeitrag der IT für das Unternehmen befasst. Das Aktionsfeld ist dadurch heute für den IT-Controller weit: IT-Strategie mit Portfolio-Controlling, Projektcontrolling, Projektmanagement vs. Produktmanagement,

Servicemanagement mit Produktionsmanagement, Benutzerservice, Asset-Management, Wartungsmanagement und Sicherheitsmanagement, Kosten- und Leistungsmanagement mit Verrechnung von Kosten und Leistungen, Outsourcing und Application Service Providing und letztlich die Organisation der IT-Abteilung selbst mit deren Prozessen.

In Anbetracht eines solchen Tätigkeitsfeldes und des Selbstverständnisses des IT-Controllers (»koordiniert«, »sorgt für Transparenz«, »sorgt für Wirtschaftlichkeit im System«) drängt sich die Frage auf, was macht eigentlich der IT-Manager und ist der IT-Controller vielleicht dessen »Politkommissar«? Zur Aufgabenverteilung zwischen Management und Controlling sind sich Theorie und Praxis einig: Dem einen obliegen Führung und Entscheidung, dem anderen Information und Koordination (Horváth). Der »Politkommissar« hatte in unseligen vergangenen Zeiten im sowjetischen Partei- und Militärapparat bei den jeweiligen Funktionsträgern (Managern!) auf die Einhaltung der staatstragenden Doktrin zu achten, ausgestattet mit der Kompetenz, in deren Handeln ggf. korrigierend einzugreifen. Aufgabe des Controllers ist es auch, auf die Einhaltung einer »Doktrin« – hier die »Wirtschaftlichkeit im System« – zu achten; jedoch fehlt ihm die Kompetenz zum korrigierenden Eingreifen (wenn dies auch manchmal durchaus angebracht wäre!). Deshalb ist es richtiger, wenn sich der Controller in seinem Verhältnis zum Manager als »Lotse, Warner, Störenfried« sieht.

Aber bedarf es denn immer der Person des Controllers, insbesondere wenn ein qualifiziertes Management vorhanden ist? In großen Unternehmen wird dies schon aus Gründen abteilungsinterner und abteilungsübergreifender Koordination erforderlich sein. Aber wenn es dem Controller entsprechend seinem Selbstverständnis gelungen ist, die Fachbereiche zu kritischer betriebswirtschaftlicher Selbstständigkeit zu erziehen und damit ein *Self Controlling* zu implantieren – dann hat der Controller *seine* höchste Effizienz bewiesen: Er hat sich damit selbst entbehrlich gemacht und einen weiteren, finalen Beitrag zur »Wirtschaftlichkeit im System« geleistet!

Univ.-Prof. Dr. Herbert Kargl (em.)
Universität Mainz
FB Rechts- und Wirtschaftswissenschaften
55099 Mainz
kargl@uni-mainz.de

Für historisch Interessierte:

Bottler, J., Horváth, P., Kargl, H.: Methoden der Wirtschaftlichkeitsberechnung für die Datenverarbeitung. München: Moderne Industrie 1972.

Deyhle, A.: Controller-Organisation. In: Zs. BTA + BTO, 1972, S. 815-823.

Horváth, P.: Prüfung bei automatisierter Datenverarbeitung. Herne/Berlin 1972.

Horváth, P., Kargl, H., Müller-Merbach, H.: Controlling und automatisierte Datenverarbeitung. Wiesbaden: Gabler 1975.

Martin Kütz

Grundelemente des IT-Controllings

Leistungsfähiges IT-Management braucht ein professionelles IT-Controlling. Dieses IT-Controlling muss Transparenz schaffen und das IT-Management bei der Steuerung der IT aktiv unterstützen. Dazu muss es technische und kaufmännische Sichten verbinden und IT- und Topmanagement mit Informationen versorgen. Die Durchdringung der IT-Kosten ist natürlich wichtig, reicht aber nicht. IT-Controlling muss dazu beitragen, dass die IT ein Leistungsfaktor wird und als solcher auch wahrgenommen wird. Dieser Beitrag zeigt ein zeitgemäßes IT-Controlling-Verständnis sowie wesentliche Grundelemente und die Spannbreite des IT-Controllings. Er umreißt aktuelle Aufgabenstellungen für IT-Controller und abzusehende Herausforderungen für das IT-Controlling der kommenden Jahre.

Inhaltsübersicht

1 Was ist IT-Controlling?

Will man Bereitstellung, Betrieb oder Einsatz von Informations- und Kommunikationstechnologie steuern, benötigt man ein professionelles IT-Controlling (vgl. [Kütz 2005, S. 2]). Controlling heißt wörtlich »Steuerung« und ist integraler Bestandteil des Managements. Was aber ist IT-Controlling konkret? Welche Aufgaben und Themen umfasst es?

1.1 Zielorientierte Steuerung

Wer steuern will, muss wissen, wohin die Reise geht. Und er muss wissen, wie er an sein Ziel kommt. Der IT-Verantwortliche muss daher fünf Fragen beantworten können:

- Was soll gesteuert werden (Steuerungsobjekt)?
- Wann ist die Steuerungsaufgabe erfolgreich beendet (Ziel)?
- Wie soll das Ziel erreicht werden (Strategie)?
- Wer ist der Auftraggeber (Partner für die Zielvereinbarung)?
- Wie kann man feststellen, ob das Ziel erreicht wurde (Messbarkeit der Zielerreichung)?

IT-Controlling ist die professionelle Unterstützung des IT-Managements bei der zielorientierten IT-Steuerung. IT-Steuerung ohne Ziele ist nicht möglich. Gerade in der IT müssen Ziele jedoch flexibel den sich ändernden Rahmenbedingungen (z. B. Geschäftsanforderungen, organisatorische oder technologische Entwicklungen) angepasst werden können. Veränderliche Ziele kennt man in der IT aus dem Projektmanagement und aus der strategischen Steuerung. Im operativen Bereich galten Ziele bislang eher als statisch. Das hat sich grundlegend geändert; »moving targets« sind der Normalzustand. Zielerreichungsstrategien müssen permanent überprüft und angepasst werden. »Moving targets« führen zu »moving strategies«. Die Grenzen zwischen strategischer und operativer IT-Steuerung verschwimmen.

1.2 Steuerung in Regelkreisen

Ziele und Strategien müssen erarbeitet werden. Das erfordert Planung. Nach der Planung beginnt die Umsetzung. Aus der Umsetzung heraus wird geprüft, welche Fortschritte man macht. Gibt es Abweichungen von der Planung, so muss korrigierend eingegriffen werden. Werden die Abweichungen zu groß oder haben sich Zielsetzungen oder Rahmenbedingungen geändert, so geht man zurück in die Planung. Ziele und Strategien müssen dann überarbeitet oder sogar völlig neu artikuliert werden.

Diese logische Abfolge von Planung, Umsetzung, Analyse und Korrektur ist das universelle Muster der Steuerung (vgl. [Kütz 2005, S. 39]) und bildet den in Abbildung 1 dargestellten Controlling-Regelkreis. IT-Controlling ist die aktive Begleitung und kritische Beratung des IT-Managements in den Controlling-Regelkreisen der IT. Dabei ist das IT-Controlling in der Planung und in der Abweichungsanalyse besonders gefordert. Da immer wieder nachgeplant werden muss, sind rollierende Planungsverfahren und entsprechende Prozesse erforderlich.

1.3 Rollen im IT-Controlling

IT-Steuerung ist eine originäre Managementaufgabe. Steuern heißt, Entscheidungen zu treffen und aktiv in das Geschehen einzugreifen. Für jede Steuerungsaufgabe in der IT gibt es einen Manager, der mit einer übergeordneten oder externen Instanz (z. B. Vorgesetzte/Geschäftsleitung, Kunden/Fachbereiche, Projektauftraggeber) Ziele vereinbart und dann für ihre Erreichung verantwortlich ist. Dieser Manager muss alle Entscheidungen treffen und Maßnahmen initiieren, die zur Erreichung der festgelegten Ziele erforderlich sind. Die Verantwortung für die Zielerreichung und die sich daraus ergebende Entscheidungsverantwortung liegen beim Manager und sind nicht delegierbar.

Nun gibt es aber in Unternehmen IT-Controller. Wenn die IT-Steuerung eine Managementaufgabe ist, was machen dann IT-Controller? Betrachtet man Steuerung als eine Abfolge von Entscheidungen, so müssen diese Entscheidungen vorbereitet werden. In den Entscheidungsprozessen werden Methoden, Werkzeuge und Hilfsmittel benötigt. Prozesse für Planung und Abweichungsanalyse müssen etabliert werden.

In kleinen IT-Organisationen macht das der IT-Verantwortliche. Mit wachsender Größe der IT erfolgt eine Arbeitsteilung im IT-Management, aus der die Spezies »IT-Controller« hervorgeht. Der IT-Controller entwickelt und gestaltet die Systeme, die die IT-Steuerung unterstützen. Er sorgt dafür, dass diese Systeme im praktischen Einsatz funktionieren. Der IT-Controller ist ein Experte für Steuerungssysteme in der IT. Er ist verantwortlich für die Transparenz, die das IT-Management braucht, um »richtige« Entscheidungen zu treffen. Er ist der fachkundige, neutrale Berater und Navigator des IT-Managements (vgl. [Deyhle 2003, S. 130-140]).

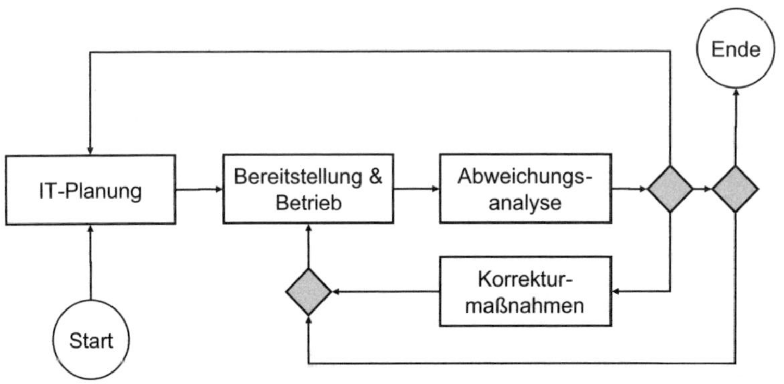

Abb. 1: Der Controlling-Regelkreis für die IT

2 Steuerungsobjekte im IT-Controlling

Zur erfolgreichen Durchführung einer Steuerungsaufgabe muss das Steuerungsobjekt klar beschrieben und abgegrenzt sein. Das Steuerungsobjekt bestimmt das Steuerungssystem. Ein wichtiges Steuerungsobjekt sind IT-Bereiche oder IT-Abteilungen. Traditionell betrachtet man im IT-Controlling auch Projekte, Projektportfolios, Anwendungen oder Infrastruktur (vgl. [Krcmar 2005, S. 421]).

Aus der Sicht der IT-Kunden ist die IT nur durch ihre für den Kunden erkennbaren Leistungen definiert (vgl. [van Bon et al. 2002]). Daher sind IT-Services (z. B. Betrieb von Anwendungssystemen) wesentliche Steuerungsobjekte in der IT. Der vom IT-Kunden wahrgenommene IT-Service entsteht aus einer Kombination von IT-Systemen (z. B. Dokumentenmanagementsysteme) und IT-Prozessen (z. B. Change Management). Mithin sind auch Systeme und Prozesse Steuerungsobjekte. Bei den IT-Systemen wird herkömmlich nach Anwendungen und Infrastruktur unterschieden. Aus der Sicht der Steuerung lassen sich jedoch keine wesentlichen Unterschiede ausmachen. IT-Systeme werden durch Projekte geschaffen oder verändert. IT-Projekte sind die vierte Gruppe elementarer Steuerungsobjekte in der IT.

Auch der jeweilige Verbund der genannten Steuerungsobjekte ist ein eigenständiges Steuerungsobjekt in der IT. Herkömmliche Modelle für das IT-Controlling kennen Projekte und das Projektportfolio. Analog dazu müssen Service-, Prozess- und Systemportfolios als Steuerungsobjekte betrachtet werden. In der IT-Praxis sind die Begriffe Service Catalogue, Prozessmodell/Prozessorganisation und Systemlandschaft/Systemarchitektur gebräuchlich.

IT besteht jedoch aus der Kombination und Vernetzung unterschiedlicher Steuerungsobjekte – nicht zuletzt über gemeinsam genutzte Ressourcen wie IT-Personal oder IT-Betriebsmittel. Auch diese Konglomerate, die Ressourcen vorhalten und als Organisationen auftreten, müssen gesteuert werden. IT-Organisationen treten als Teams, Abteilungen oder Bereiche in größeren Organisationen auf, können aber auch selber wirtschaftlich eigenständige Unternehmen sein. Die Steuerung von IT-Organisationen stellt spezifische Anforderungen an das IT-Controlling. Bei IT-Unternehmen wird das ergänzt durch Anforderungen an die Unternehmenssteuerung. Fasst man diese Überlegungen zusammen, so erhält man die in Abbildung 2 dargestellte Struktur (vgl. [Kütz 2005, S. 12-15]).

Natürlich kann man fragen, ob es weitere Steuerungsobjekte des IT-Controllings gibt. Jedes Thema, für das man ein spezielles Management etabliert, stellt ein Steuerungsobjekt dar. So könnte man z. B. Qualität oder Security als

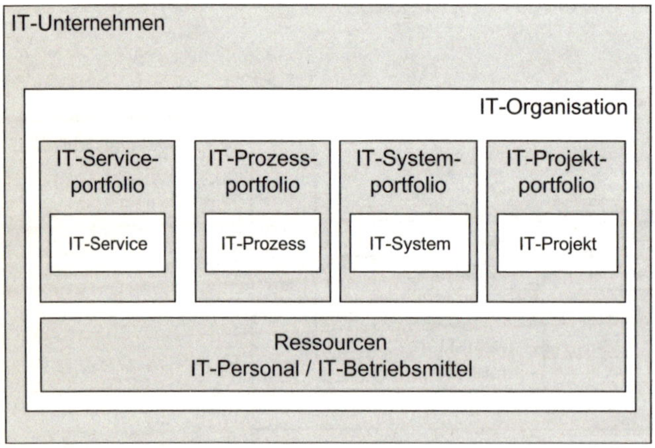

Abb. 2: Steuerungsobjekte in der IT

eigenständige Steuerungsobjekte betrachten. Allerdings sind das abgeleitete Steuerungsobjekte, die nur im Kontext der genannten Hauptsteuerungsobjekte sinnvoll sind.

3 Perspektiven des IT-Controllings

Da IT einerseits »produziert« und andererseits »verbraucht« wird, muss die Erstellung von IT-Leistungen gesteuert werden, ebenso der Einsatz von IT-Leistungen. Beide Steuerungsaufgaben erfordern die Unterstützung durch ein spezifisches IT-Controlling. Wir sprechen von IT-Supply-Controlling und von IT-Demand-Controlling (vgl. [Kütz 2006, S. 29-32]).

IT-Anwender kaufen IT-Leistungen von externen Dritten, erstellen in der Regel jedoch erhebliche Teile ihrer benötigten IT-Leistungen selber in speziellen Organisationseinheiten, den IT-Bereichen. Damit haben sie die Aufgabe, die natürlichen Spannungen zwischen IT-Leistungserstellern und IT-Nutzern in eine Balance zu bringen. Denn die Verantwortlichen für die IT-Leistungserstellung werden ein Optimum im Sinne der Bereitstellungswirtschaftlichkeit anstreben, und die Verantwortlichen für den Einsatz von IT streben eine möglichst optimale Verwendungswirtschaftlichkeit an (vgl. [von Dobschütz 2000, S. 435]).

Lokale Optima führen in der Regel aber nicht zum Gesamtoptimum, und so muss es ein Regelwerk geben, das IT-Leistungserstellung und IT-Einsatz insgesamt optimiert und die unterschiedlichen Interessen ausgleicht. Dies ist die Aufgabe der IT-Governance. Sie legt fest, wer in einer Organisation welche IT »produzieren« darf und wer welche IT »verbrauchen« darf. Standards für Hardware und Software sind typische Ergebnisse der IT-Governance. Natürlich benötigt IT-Governance die Unterstützung durch ein IT-Controlling. IT-Controlling ist aber kein Synonym für IT-Governance. IT-Governance, IT-Leistungserstellung und IT-Einsatz erfordern jeweils ein eigenständiges, spezifisches IT-Controlling (vgl. Abb. 3)!

Betrachtet man Unternehmen, deren Kerngeschäft die Erstellung von IT-Leistungen ist, so dominiert bei ihnen naturgemäß das IT-Supply-Controlling. Aber auch hier gibt es einen internen IT-Einsatz und dementsprechend eine IT-Governance. Dass IT-Dienstleister festlegen, welche Leistungen sie ihren Kunden anbieten, ist weniger ein Thema der IT-Governance als eine geschäftspolitische oder strategische Ausrichtung. IT-Governance kommt dann ins Spiel, wenn das Unternehmen festlegt, wie die definierten Leistungen zu erbringen sind.

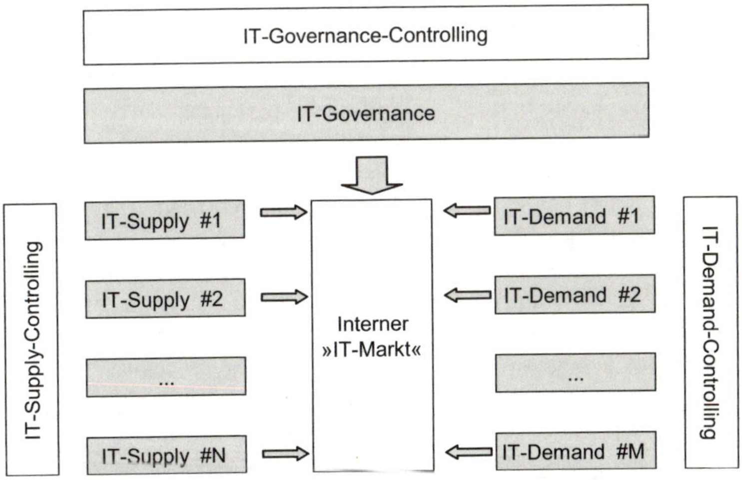

Abb. 3: Perspektiven des IT-Controllings

4 Dimensionen des IT-Controllings

Gibt es weitere Bestimmungsfaktoren für die Ausprägung von IT-Controlling? Ausgehend von dem Motto: »You can´t control, what you can't measure«, fragen wir daher, was man in der IT-Steuerung messen muss.

Wenn man IT-Leistungen erstellt, muss man die Leistungsmengen erfassen, z. B. Betriebsstunden einer Anwendung, bearbeitete Service Requests, Fertigstellungsgrad in Projekten. Zur Leistungserstellung werden Ressourcen verbraucht, z. B. Rechen- oder Speicherleistung, Mitarbeiterzeit. Auch die Verbrauchsmengen muss man messen können. Ein besonderes Augenmerk in der IT verdient die Messung von Kapazitäten, also die Bereitstellung von Leistungsfähigkeit, die dann genutzt werden kann, aber nicht genutzt werden muss (z. B. Bandbreiten, maximale Benutzeranzahlen). IT-Steuerung fußt also auf der Messung der Inputströme und Outputströme. Das ist die unverzichtbare Basis.

Zur Mengenerfassung müssen technische und organisatorische Voraussetzungen gegeben sein. Dabei tut man sich mit der Inputseite leichter. Die Leistungsmessung stellt sich hingegen schwieriger dar, ist aber eine wesentliche Herausforderung für das IT-Controlling. Wenn IT nicht nur als Kostenfaktor, sondern als Leistungsfaktor wahrgenommen werden will, dann muss sie ihre Leistung messen und kommunizieren können.

Über die Mengenbestimmung hinaus müssen die Ressourcenverbräuche den erstellten Leistungen zugeordnet werden (Kontierung). Nur dann lässt sich feststellen, welchen Aufwand man zur Erstellung einer Leistungseinheit treiben muss. Kennt man den Aufwand, so kann man die Kosten ermitteln. Die Aufwandsstruktur ist in Stücklisten bzw. Arbeitsplänen zu dokumentieren. Kostenrechnerisch bewegen wir uns in der Stückkostenkalkulation. Eine große Schwierigkeit in der IT sind hohe Gemeinkostenanteile (Problem: Verursachungsgerechtigkeit) und hohe Fixkostenanteile (Problem: Vorhaltekosten).

Betrachtet man das Verhältnis von Leistungsmengen und Verbrauchsmengen, so spricht man von Produktivität. Es ist eine zentrale Aufgabe des IT-Managements, die Produktivität in der IT ständig zu verbessern. Leistungseinheiten sollen mit sinkenden Ressourcenverbräuchen erstellt werden. Ressourceneinheiten sollen steigende Anzahlen von Leistungseinheiten erzeugen können.

Wechselt man von der mengen- zur wertbezogenen Sicht, dann spricht man von Wirtschaftlichkeit, dem Verhältnis von Leistungswert zu korrespondierendem Ressourcenwert, also Erlösen und Kosten. Leistungswerte setzen Preise für die Leistungseinheiten voraus. Preise bilden sich jedoch nur an Märkten. Diese Form der Wirtschaftlichkeitsbetrachtung ist also nur für IT-Unternehmen möglich – oder im Fall interner Leistungsverrechnung. Üblicherweise betrachtet man Wirtschaftlichkeit in der IT daher als das Verhältnis von Leistungsmengen und korrespondierenden Kosten.

Aus der Sicht einer IT-Supply-Organisation handelt es sich dabei um Bereitstellungswirtschaftlichkeit. Der IT-Kunde fragt hingegen nach der Verwendungswirtschaftlichkeit; die Preise der IT-Leistungen sind für ihn (Stück-)Kosten. Er muss die Leistung des IT-Einsatzes in Form von Nutzeneffekten in seiner Organisation ermitteln.

Analog zur Aufgabe der Produktivitätssteigerung stellt sich die Aufgabe der permanenten Wirtschaftlichkeitssteigerung. Dabei geht es in der Praxis vor allem darum, eine bestimmte Leistungsmenge im zeitlichen Verlauf mit sinkenden Kosten zu erstellen.

Will man Produktivität oder Wirtschaftlichkeit bewerten, so muss man Vergleichsmöglichkeiten haben. Hier kommt Benchmarking ins Spiel. IT-Benchmarking ist der Vergleich von IT-Kenndaten zwischen verschiedenen Organisationen, die Analyse der eventuell festgestellten Unterschiede und die nachfolgende Durchführung von Maßnahmen, um die Leistungsfähigkeit der eigenen (IT-)Organisation zu verbessern. Stets geht es um Produktivität und Wirtschaftlichkeit. Denn auch wenn »nur« Kostenstrukturen verglichen werden, steht dahinter die Annahme, dass eine vergleichbare Leistung erbracht wird.

Für die IT-Steuerung reicht es nicht, nur durchflussorientierte Größen wie Ressourcenverbräuche und Leistungen, Produktivität und Wirtschaftlichkeit zu betrachten. Ebenso wichtig ist es, wertorientierte Steuerungsaufgaben wahrzunehmen. Denn in IT-Organisationen ist Kapital gebunden (in Form von IT-Systemen und betriebsnotwendigem Kapital), für das der Kapitalgeber eine angemessene Verzinsung fordert. Es geht also um die Rentabilität des eingesetzten Kapitals.

Die traditionelle Form von Wertbetrachtungen finden wir im Projektgeschäft. Der Frage der Kapitalverzinsung in Projekten wird mit den verschiedenen Formen der Investitionsrechnung nachgegangen (Amortisation, ROI, Barwert, interner Zinssatz usw.). Weniger bekannt und gebräuchlich sind modernere Verfahren wie QIKV (quantifizierte interne Kapitalverzinsung, vgl. [Beißel et al. 2004]), VOFI (vollständiger Finanzplan, vgl. [Götze 2006, S. 119-130]) oder reale Optionen (vgl. [Götze 2006, S. 395-411]). Hier steht der Transfer in die IT-Praxis noch aus.

Das große Problem der Rentabilitätsrechnung besteht darin, dass Projektaufwand und Projektfolgekosten zum großen Teil in der IT entstehen, der erwartete Nutzen aber beim IT-Anwender generiert wird. Insofern ist das IT-Controlling hier an der Grenzlinie zum IT-Kunden tätig und muss mit dem Kunden-Controlling zusammenarbeiten.

Ein weiteres Problem der Rentabilitätsrechnung in der IT liegt darin, dass viele Nutzeneffekte nicht oder nur schwer quantifizierbar, insbesondere monetär darstellbar sind. Neben der herkömmlichen Rentabilitäts- oder Investitionsrechnung müssen daher Verfahren aus der Entscheidungstheorie zum Einsatz kommen, im einfachsten Fall verschiedene Formen der Nutzwertanalyse (z. B. Scoring-Modelle, vgl. [Kütz 2005, S. 259-267]).

Betrachtet man die IT im Kontext einer Gesamtorganisation, so stellt sich die Frage, ob und wie IT zur Wertsteigerung der Organisation beiträgt, also bei börsennotierten Unternehmen zur Steigerung des Aktienkurses. Dies wird in der IT unter dem Begriff des Wertbeitrages diskutiert. Die Problematik ist, dass man zwar feststellen kann, ob der Börsenwert eines Unternehmens gestiegen ist, aber welchen Anteil die IT daran hat, das ist objektiv kaum festzustellen. Hierzu gibt es im IT-Controlling noch keine praktischen Methoden, um konkrete Aussagen zu formulieren.

5 IT-Controlling in Prozessmodellen

IT-Controlling ist ein unabdingbares Element des IT-Managements. Da stellt sich die Frage, ob es in üblichen Modellen zur Gestaltung der IT als Element in Erscheinung tritt. Insbesondere ist von Interesse, ob die gängigen Prozessmodelle für IT-Organisationen entsprechende Elemente enthalten. Dabei sind aktuell ITIL (vgl. [van Bon et al. 2002]) und CobiT (vgl. [Krcmar 2005, S. 290-291]) zu betrachten. Darüber hinaus sehen wir uns für das Projektumfeld CMMI (vgl. [Kneuper 2003]) an.

ITIL (IT Infrastructure Library) ist einerseits eine Philosophie, wie IT in Erscheinung zu treten hat, nämlich als Organisation, die vom Kunden erkennbare IT-Services erstellt. Andererseits beschreibt ITIL unterstützende Prozesse, die in IT-Organisationen vorhanden sein müssen, um Services professionell zu erstellen. Einer dieser Prozesse ist das Financial Management mit den Komponenten (Finanz-)Planung, Kostenrechnung und Leistungsverrechnung. Planung und Kostenrechnung sind Pflichtbestandteile, IT-Leistungsverrechnung gilt als optionales Element. Damit nennt ITIL zwar wesentliche Komponenten eines modernen IT-Controllings, ist allerdings aus Controlling-Sicht nicht erschöpfend.

CobiT (Control Objectives for Information and related Technologies) ist ein Prozessrahmen mit dem Anspruch, alle wichtigen Prozesse einer IT-Organisation zu nennen. Unter den 4 Prozessblöcken mit insgesamt 34 Prozessen gibt es das Monitoring mit folgenden Prozessen:

- Prozesse überwachen
- Interne Steuerung bewerten
- Unabhängige Bewertung einholen
- Unabhängige Auditierung vorsehen

Überschneidungen mit dem IT-Controlling sind erkennbar, allerdings fokussiert Monitoring eher auf den Kontroll- als den Steuerungsaspekt. Steuerung wird als integraler Bestandteil des Managements gesehen und gilt demzufolge wohl nicht als eigenständiges Objekt für die Organisation.

In dem ursprünglich aus dem Projektmanagement kommenden CMMI (Capability Maturity Model Integration) werden Projektplanung, Projektverfolgung und -steuerung sowie Messung und Analyse (auf Level 2) genannt, typische Controlling-Felder also. Auch wird das quantitative Projektmanagement (auf Level 4) erwähnt. Hier ist schon eher ein Controlling-Ansatz in unserem Sinne erkennbar, jedoch beschränkt auf den Bereich der Softwareerstellung.

6 Aktuelle Fragestellungen in der IT-Praxis

Auch im IT-Controlling gibt es Fragestellungen, die aktuell von besonderer Bedeutung sind. Darunter finden sich beinahe klassische Fragestellungen wie Kostentransparenz, Leistungsverrechnung und Projektsteuerung, aber auch jüngere Fragestellungen wie Benchmarking, Outsourcing, Restrukturierung von Organisationen und die IT-Steuerung mit Kennzahlensystemen.

Kostentransparenz ist nach wie vor ein zentrales Problem (vgl. [Gadatsch 2005, S. 107-138]). In der Praxis sind die Kostenartenstrukturen (Kontenplan) meistens nicht IT-gerecht. Eine Anpassung an IT-Belange (Einführung neuer Kostenarten) ist kaum möglich. Es fehlt die Zuordnung der Kosten zu den IT-Leistungsarten oder IT-Produkten. Moderne ERP- oder Kostenrechnungssysteme bieten zwar die Funktionalität der Kostenträgerrechnung, diese wird aber in vielen Organisationen nicht genutzt. Und schließlich werden nur diejenigen Kosten als IT-Kosten erkannt, die auf IT-Kostenstellen allokiert werden. Es entstehen jedoch in erheblichem Umfang auch IT-Kosten außerhalb der IT-Kostenstellen (vgl. die Diskussion um Total Cost of Ownership (TCO)). Diese Kosten »verschwinden« in allgemeinen Kostenarten und sind nachträglich nicht mehr als IT-Kosten zu identifizieren. Aufgabe und Herausforderung des IT-Controllings ist es, die IT-Kosten vollständig zu erfassen und zu identifizieren.

Leistungsverrechnung hat geradezu eine Renaissance. Unternehmen, die bislang ihre IT-Leistungen intern nicht verrechnet haben, führen nun eine Leistungsverrechnung ein, um eine verursachungsgerechte Verteilung ihrer IT-Kosten zu realisieren. Unternehmen, die bereits eine Leistungsverrechnung haben, bauen diese um. Sie wollen nicht mehr technische Leistungsarten abrechnen (z.B. Rechnerleistung), sondern die vom Kunden erkennbaren und ggf. auch beeinflussbaren Leistungen. Gefordert ist die Identität von Abrechnungseinheiten und Service Level Agreements.

Ebenfalls ein IT-Controlling-Klassiker ist die *Initiierung und Steuerung von IT-Projekten*. Die Erfolgsquote von IT-Projekten im Sinne eines erfolgreichen Abschlusses »in time« und »in budget« scheint zwar generell zu steigen, aber die Praxis ist nach wie vor nicht zufriedenstellend. Bei der Projektsteuerung fehlen nicht die Methoden, es fehlt die konsequente Anwendung. Die Qualitätssicherung der Projektplanung ist nicht ausreichend. Der Planungsaufwand ist zu niedrig. Im Multiprojektmanagement ist die hohe Umplanungsrate der Projekte eine ständige Herausforderung (vgl. [Heilmann et al. 2003]). Die einheitliche Bewertung der Projektrentabilität und darauf aufbauende Priorisierung sowie nachfolgende Auswahl von Projekten sind Aufgabe der Projektportfoliosteuerung. In der Praxis fehlt es auch hier an der konsequenten Umsetzung.

Benchmarking ist so alt wie die IT. Während traditionell der Vergleich von technischen Komponenten im Vordergrund stand, wird dieses Thema heute eher betriebswirtschaftlich gesehen (vgl. [Kütz 2005, S. 56-57]). Es geht darum, IT-Steuerungsobjekte in der eigenen Organisation mit entsprechenden Steuerungsobjekten anderer Organisationen zu vergleichen, und zwar idealerweise als ständiger Prozess, der die Grundlage für eine aktive Organisationsgestaltung bildet. Das wird auch von jedermann gefordert. Die Praxis bleibt aber weit hinter dem zurück, was man aus der Intensität der Diskussion erwarten würde. Woran liegt das? Nun, Benchmarking heißt Vergleichen. Und der Vergleich setzt Vergleichbarkeit voraus. Vergleichbarkeit wiederum erfordert Standardisierung und Normierung. Es gibt aber keine allgemein akzeptierten Definitionen und Rahmen, die IT-Benchmarking ermöglichen oder erleichtern. So bleibt IT-Benchmarking eine Domäne von kommerziellen Dienstleistern, die zwar u.U. eine gute und aktuelle Datenbasis mit Vergleichsdaten besitzen, aber ihre Daten und Methoden nur gegen Bezahlung offenlegen. Zwar gibt es verschiedene Benchmarking-Aktivitäten auf dem Hintergrund von Branchenverbänden. Aber das ist eher die Ausnahme als die Regel. Ideal wäre ein öffentliches Benchmarking im Sinne einer amtlichen Statistik. Eine öffentliche Plattform könnte aber nur dann funktionieren, wenn dort Daten eingestellt werden. Dazu bräuchte man einerseits den Betreiber und andererseits die Daten.

Outsourcing, die auf Dauer angelegte Übertragung von IT-Aufgaben an externe Organisationen, ist ein Dauerthema für das IT-Management, damit natürlich auch für das IT-Controlling. Dabei geht es einerseits um Kostensenkung, andererseits aber um reduzierte Komplexität und gesteigerte Flexibilität. Insgesamt handelt es sich in den vielfältigen Ausprägungen, z. B. Offshore-Entwicklung, um Optimierungen der Fertigungstiefe. Für das IT-Controlling geht es darum, die entsprechenden Entscheidungen zur Verlagerung von Aufgaben (auch der Zurückverlagerung in die eigene Organisation) planerisch und im Sinne der Wirtschaftlichkeitsrechnung zu unterstützen. Dabei müssen unterschiedliche Zielsetzungen synchron bewertet werden. Outsourcing-Projekte sind vom IT-Controlling her zu betreuen und nach einem Outsourcing muss dann der externe Partner gesteuert werden.

Während Outsourcing bzw. Insourcing wesentliche Veränderungen für die IT-Organisation selber darstellen, spielen sich *Restrukturierungen* im Umfeld der IT-Organisationen ab. Sie führen zu Änderungen der Geschäftsfelder und Geschäftsprozesse und bedeuten z.T. erhebliche Veränderungen auch für die IT. Darüber hinaus sind Übernahmen von anderen Organisationen und deren Integration in die eigene Organisation sowie Verkauf von Organisationsteilen durchaus »normale« Situationen. In allen Fällen ist die IT massiv betroffen. Hier gilt es, IT-Leistungen, IT-Systeme und die IT-Organisation selber zum Teil radikal umzubauen. IT-Controlling ist bei der Entscheidungsunterstützung und den nachfolgenden Projekten bzw. Projektprogrammen gefordert.

Die Steuerung von komplexen IT-Organisationen erfordert geeignete Werkzeuge. Die Bedeutung von *Kennzahlensystemen* nimmt zu (vgl. [Kütz 2006]). Sie tragen zur Messbarkeit bei und unterstützen die regelkreisbasierte Steuerung. Sie zwingen zur Disziplin bei Planung, Zieldefinition und Abweichungsanalyse, und sie schaffen Verbindlichkeit in Umsetzung und Korrektur. Ob es sich um Balanced Scorecard oder eher traditionelle Ansätze handelt, stets fordert der Einsatz von Kennzahlensystemen die intensive Durchdringung der Zielsetzung und die Konzentration auf das Wesentliche. Kennzahlensysteme verbessern die Managementkommunikation und führen zu einem höheren Grad an Qualität und Verbindlichkeit. Ihr Einsatz unterstützt das IT-Management, ist aber auch unbequem. Die Herausforderung für das IT-Controlling ist die Überwindung dieser Bequemlichkeitshürde.

7 Zukünftige Herausforderungen für das IT-Controlling

In dem Maße, in dem sich die Aufgaben des IT-Managements verändern, muss sich auch das IT-Controlling mit neuen Fragestellungen auseinandersetzen. Einige Aufgabenfelder, die einer besonderen Aufmerksamkeit bedürfen, sind:

- Entscheidungsunterstützung
- Compliance- und Risikomanagement
- Leistungsorientierung
- Nutzenverifizierung
- Rollierende Planung
- Technologische Entwicklung

Entscheidungsunterstützung im IT-Management ist immer schon eine Aufgabe des IT-Controllings gewesen, wird aber an Bedeutung weiter zunehmen. Entscheidungen werden immer komplexer und müssen verschiedensten Rand- und Rahmenbedingungen genügen. Die vollständige Durchdringung der einzelnen Entscheidungsalternativen im Sinne einer Bewertung wie auch die Vollständigkeit der betrachteten Alternativen sind Aufgaben, die das IT-Controlling übernehmen muss. Die Bedeutung und die Anwendung entscheidungstheoretischer Verfahren wird im IT-Controlling zunehmen müssen, z. B. bei der Projektbewertung und -priorisierung.

IT wird immer mehr zur unternehmensweiten Daten- und Informationsplattform. Relevante Informationen liegen in IT-Systemen. Die Arbeitsfähigkeit von Unternehmen hängt von der Verfügbarkeit und Funktionssicherheit der IT-Systeme ab. Daher unterliegen IT-Systeme zunehmend der Aufmerksamkeit von Prüfern und staatlichen bzw. regulatorisch tätigen Organen. *Compliance*, also die Übereinstimmung mit gesetzlichen Vorgaben und anderen Regularien, wird zum Aufgabenfeld des IT-Managements. Auch *Risikomanagement* rückt immer stärker in den Fokus des IT-Managements. Damit kommen diese Themen auf die Agenda des IT-Controllings. Es entstehen Aufgaben, die den Bereich der kontrollierenden Aufgaben vergrößern, aber auch Planung und Steuerung müssen die Felder aktiv einbeziehen. Der Zielkatalog wird z. B. um die Einhaltung bestimmter Regularien erweitert, sodass die Abweichungsanalysen umfangreicher werden.

Nach wie vor wird IT von außen als Kostenblock gesehen. Das IT-Management muss es aber schaffen, dass *IT als Leistungsfaktor* wahrgenommen wird. Sonst drohen Komplett-Outsourcing oder ähnliche radikale Entwicklungen. Wenn man Leistungsfaktor sein will, muss man Leistungen messen, bewerten und kommunizieren können.

Eine erhebliche Kritik an der IT entsteht daraus, dass aufwendige Projekte durchgeführt und teure Systeme aufgebaut werden, aber der prognostizierte Nutzen nicht erkennbar ist. Zwar ist das für die IT als Serviceorganisation kein Thema, denn sie tut das, was ihre Kunden von ihr verlangen. Gleichwohl muss sie sich hier engagieren, denn Unzufriedenheit bei Kunden und im Topmanagement schaden letztlich ihr. Die *Nutzenverifizierung* ist sowohl ein methodisches als auch ein organisatorisches Thema. Um den behaupteten Nutzen zu verifizieren, muss man ihn einerseits messen, andererseits die durch IT erzeugten Nutzenanteile auch identifizieren können. Vor allem muss man sich dieser Aufgabe konsequent widmen. Nur wenn man das Thema aktiv angeht, wird man Fortschritte machen.

Zielorientierte Steuerung setzt Planung voraus. Die allgemeine Dynamik führt dazu, dass Ziele und Rahmenbedingungen sich auch in der IT permanent ändern. Planwerke können nicht nur einmal pro Jahr erstellt werden, sondern müssen permanent aktualisiert und nachgeführt werden. Daraus ergeben sich erhebliche Anforderungen an die *Planungsprozesse*. Sie müssen offen und flexibel werden und kontinuierlich laufen.

Die technische und technologische Entwicklung in der IT verläuft nach wie vor mit hoher Intensität und Dynamik. Das hat Auswirkungen auf den Einsatz von IT in Organisationen und die Arbeit der IT-Organisationen. Arbeitsweisen und Arbeitsformen ändern sich. Was man gestern noch selber erstellen musste, kann man heute als fertiges Produkt kaufen. Was gestern eine etablierte Technologie war, ist heute veraltet. Was ist wichtig für Unternehmen? Worauf müssen sie achten? Wie müssen sie ihre Mitarbeiter qualifizieren? Wo wird die Entwicklung hingehen? Wie kann man neue Technologien und Systeme sinnvoll in der eigenen Organisation nutzen? Das *Technologiemanagement* ist ein wichtiger Bereich des IT-Managements und muss vom IT-Controlling (natürlich) begleitet werden. Hier spielen Fragen der Bewertung von technischen und technologischen Entwicklungen und ihren Folgen eine zentrale Rolle.

IT-Organisationen sehen sich als »business enabler«. Wer aber die Geschäfte eines Unternehmens mit IT verändern, neue Geschäftsmöglichkeiten erschließen und Wettbewerbsvorteile schaffen will, der muss im IT-Umfeld Innovationen produzieren. Dabei geht es nicht nur um gute Ideen, sondern vor allem um ihre praktische Umsetzung. Das erfordert *Innovationsmanagement*. IT-Controlling muss sich daher auch mit der Entwicklung neuer Systeme und Services und ihrer praktischen Umsetzung befassen.

8 Literatur

[Beißel et al. 2004] *Beißel, J.; Steinke, K.-H.; Wirth, M.:* Investitions- und Projektcontrolling im Lufthansa-Konzern. ZfCM Sonderheft 1/2004, S. 58-64.

[Deyhle 2003] *Deyhle, A.:* Controller-Handbuch. 5. neu geschriebene Aufl., Offenburg, 2003.

[Gadatsch 2005] *Gadatsch, A.:* IT-Controlling realisieren. Vieweg, Wiesbaden, 2005.

[Götze 2006] *Götze, U.:* Investitionsrechnung. 5., überarb. Aufl., Springer-Verlag, Berlin, Heidelberg, 2006.

[Heilmann et al. 2003] *Heilmann, H.; Etzel, H.-J.; Richter, R.:* IT-Projektmanagement – Fallstricke und Erfolgsfaktoren. 2., akt. u. erw. Aufl., dpunkt.verlag, Heidelberg, 2003.

[Kneuper 2003] *Kneuper, R.:* CMMI. dpunkt.verlag, Heidelberg, 2003.

[Krcmar 2005] *Krcmar, H.:* Informationsmanagement. 4., überarb. u. erw. Aufl., Springer-Verlag, Berlin, Heidelberg, 2005.

[Kütz 2005] *Kütz, M. (Hrsg.):* IT-Controlling für die Praxis. dpunkt.verlag, Heidelberg, 2005.

[Kütz 2006] *Kütz, Martin:* IT-Steuerung mit Kennzahlensystemen. dpunkt.verlag, Heidelberg, 2006.

[van Bon et al. 2002] *van Bon, J.; Kemmerling, G.; Pondman, D.:* IT Service Management – eine Einführung. Van Haren Publishing, Frankfurt a. M., 2002.

[von Dobschütz 2000] *von Dobschütz, L.:* IV-Wirtschaftlichkeit. In: von Dobschütz, L.; Barth, M.; Jäger-Goy, H.; Kütz, M.; Möller, H.-P. (Hrsg.): IV-Controlling. Gabler, Wiesbaden, 2000, S. 431-449.

Dr. Martin Kütz
TESYCON GmbH
Johann-Strauß-Str. 13
65779 Kelkheim (Taunus)
kuetz.martin@tesycon.de
www.tesycon.com

Holger Kathmann, Michael Maicher

Kennzahlensystem für einen konzerngebundenen IT-Dienstleister

Dieser Erfahrungsbericht beschreibt das Vorgehen und die Herausforderungen im Rahmen eines Projektes zur Weiterentwicklung eines IT-Kennzahlensystems für den Bereich Application Management eines konzerngebundenen IT-Dienstleisters. Der Beitrag zeigt auf, welche Lösungsstrategien gefunden und welche Erfahrungen (im Sinne von Lessons Learned) während des Projektes gesammelt wurden.

Inhaltsübersicht

1 Ausgangssituation und Zielsetzung

Die E.ON IS GmbH ist ein konzerngebundener IT-Dienstleister des E.ON-Konzerns. Die E.ON IS sieht sich einem stark verändernden Konzernumfeld gegenübergestellt. Der E.ON-Konzern expandiert in ausländischen Märkten, die mit qualitativ hochwertigen und kostengünstigen IT-Dienstleistungen zu versorgen sind. Die Internationalisierung erfordert von der E.ON IS in einem stärkeren Maße länderübergreifend zusammenzuarbeiten, um internationale Synergiepotenziale zu heben. Der Blickwinkel der weiteren Ausführungen liegt auf dem Bereich des Application Management. Hierunter werden der Applikationsbetrieb und die Softwarewartung verstanden [IEEE1219 1998; Lehner 1991, S. 3 ff.; Van der Pols 2004]. Dieser Bereich unterliegt einem starken Marktdruck, der sich in Form von Konkurrenzangeboten, Nachverhandlungen bestehender Verträge oder externen Benchmarks äußert. Komplexitätssteigernd für die Dienstleistungserbringung kommt hinzu, dass die E.ON-Konzerngesellschaften unterschiedliche Wertschöpfungstiefen aufweisen und zum Teil eigene Ressourcen für das Application Management vorhalten. Ausgangspunkt für die Weiterentwicklung des IT-Kennzahlensystems waren zum einen die quantifizierten, strategischen Ziele auf der Gesamtunternehmensebene und zum anderen die veränder- ten Einflussfaktoren auf die Organisation der E.ON IS. Mithin ergab sich im Frühjahr 2006 die Notwendigkeit, das bestehende Kennzahlensystem auf den Prüfstand zu stellen. Zielsetzung des vorgestellten Projektes war es, in einem vorgegebenen Zeitraum von 6 Monaten sowie mit einem fixen Budget das existierende Kennzahlensystem umfassend zu überarbeiten:

- Berücksichtigung des Funktionskonzepts des Bereichs Application Management
- Kritische Würdigung der bestehenden Kennzahlen und Definition neuer Kennzahlen
- Flexibilität, d. h. Anpassungsfähigkeit an geänderte Rahmenbedingungen
- Entwicklung eines lauffähigen Prototyps; iteratives Vorgehen zur Nutzung von Lerneffekten
- Maximale Wiederverwendung bestehender Kennzahlen und Berichte
- Benchmarking-Fähigkeit der Kennzahlen [Rehäuser 1999, S. 47 ff.]
- Selektiver Einsatz von externen Beratern zur Verstärkung des internen Projektteams

- Einheitliches Kennzahlensystem über alle Funktionen und Hierarchiestufen des Bereichs
- Einbindung der operativen Führungsebenen

Als Rahmenbedingungen für eine Weiterentwicklung wurden die Gewährleistung der geforderten SOX-Compliance[1] sowie die Technologieveränderungen insbesondere im SAP R/3-Umfeld (z. B. Portal, Enterprise Service Architecture) identifiziert, die einen massiven Einfluss auf die strategische und operative Ausrichtung des Application Management haben.

2 Vorgehensweise und Ergebnistypen

2.1 Vorgehenskonzept

Im Rahmen des Vorgehenskonzepts wurden das Vorgehen und die Projektorganisation abgestimmt. Das Projektteam bestand aus insgesamt 5 internen und 3 externen Mitarbeitern (2 Berater für das Fachkonzept, 1 Berater für die Entwicklung). Die Mitarbeiter waren nicht durchgängig, sondern punktuell in den jeweiligen Projektphasen eingesetzt. Eine Top-down-Vorgabe stellte das von der Geschäftsbereichsleitung entwickelte Funktionskonzept dar. Vorgabe war zudem, die Informationsbedarfe zur operativen Steuerung durch Einbindung der operativen Führungsebenen (Bereichs- und Abteilungsleitungen) aufzunehmen. Die drei Führungsebenen sollten in abwechselnden Detaillierungs- und Abstimmungsschritten miteinander »verzahnt« werden.

2.2 Anforderungen an und Priorisierung von Kennzahlen

Bereits im Vorgehenskonzept wurden die relevanten Kennzahlenperspektiven, entnommen aus dem Balanced-Scorecard-Konzept, vorgegeben [Kütz 2003, S. 75]:

- Finanzen
- Kunden
- Prozesse
- Innovationen
- Mitarbeiter
- Lieferanten (Priorität 2 und wird daher erst zu einem späteren Release konzeptionell ausgeprägt)

Die Aufnahme und Definition von Anforderungen umfassten insgesamt drei Informationsquellen: Zum einen wurde das bestehende Funktionskonzept, das eine erste Operationalisierung der Unternehmensstrategie für den Bereich Application Management darstellte, ausgewertet und weiter operationalisiert. Zum Zweiten wurden mit den operativen Führungskräften sowie mit dem Bereichscontroller 2-3-stündige Interviews geführt, um auf diese Weise den operativen Steuerungs- und Informationsbedarf sowie erste Kennzahlenvorschläge zu ermitteln. Als Letztes wurden die bestehenden und teilweise abteilungsspezifischen Berichtssysteme analysiert sowie die aufgenommenen Kennzahlen in Form von Anforderungen beschrieben. Als Ergebnis der Analyse wurde eine Übersichtstabelle (»Kennzahlenüberblick«) mit folgenden Informationen generiert:

- Kennzahlenbezeichnung
- Perspektive
- Abhängigkeiten zwischen den Kennzahlen
- Beschreibung des Steuerungsnutzens
- Stakeholder
- Detaillierungsgrad (i.S.v. Führungsebene)
- Daten- und Berichtsquellen
- Berichtsfrequenz
- Verfügbarkeit hinsichtlich Datenherkunft
- Verfügbarkeit hinsichtlich Datenqualität
- Antizipierter Aufwand zur Entwicklung der Kennzahlen (Programmierung, Implementierung, Betrieb)

Bevor die ermittelten Kennzahlen durch die Geschäftsbereichsleitung sowie von den Bereichs- und Abteilungsleitern (Managementteam) bewertet werden konnten, wurden die einzelnen Kennzahlen im Projektteam auf inhaltliche Ent-

1. SOX = Sarbanes-Oxley Act

sprechung und hinsichtlich unterschiedlicher Begriffsverwendung analysiert. Der Kennzahlenüberblick und das Kennzahlenportfolio dienten als Input für die Priorisierung. Im Ergebnis wurden jeweils 6 Kennzahlen je Perspektive, d. h. insgesamt 30 Kennzahlen, für den Prototyp bzw. das Release 1 priorisiert und zur Realisierung freigegeben.

2.3 Fachkonzept

Im Anschluss an die Priorisierung wurde mit einer umfassenden Kennzahlenkonzeption begonnen. Hierbei wurde selektiv nach den einzelnen Perspektiven vorgegangen. In der Perspektive »Finanzen« wurde z. B. intensiv mit dem Bereichscontrolling und dem Produktmanagement des Application Management zusammengearbeitet. In intensiven Arbeitssitzungen wurde jede einzelne Kennzahl bis zur Elementarebene dekomponiert und kritisch hinterfragt. Die kritische Würdigung der Kennzahlen erfolgte anhand nachstehender, ausgewählter Kriterien [Lelke 2005, S. 9 ff.; Wiese 2000, S. 45 ff.], wobei nur die gekennzeichneten Merkmale (kursiv) verwendet wurden:

- *Zielbezug*
- *Beeinflussbarkeit*
- Aktionsbezug (Aussagen über Aktionen des Informationsempfängers)
- Entscheidungsbezug (fallweise vs. kontinuierliche Entscheidungsbedarfe)
- *Frühwarnorientierung (zeitverzögerte Wirkung von Maßnahmen)*
- *Konsistenz (widerspruchsfrei)*
- *Flexibilität (verschiedene Verdichtungsstufen, verschiedene Führungsebenen)*
- *Genauigkeit*
- *Aktualität*
- *Häufigkeit*
- *Verdichtungsgrad*
- *Wichtigkeit (Bedeutung)*
- Effizienz/Wirtschaftlichkeit
- *Operationalisierung/Machbarkeit (messbar, umsetzbar)*
- Leading (Ursachen für das Erreichen bzw. Nicht-Erreichen von Zielen)
- Lagging (Aussagen über die Ergebnisse von Aktionen des Informationsempfängers)

Während des Detaillierungsprozesses wurden z. B. die den Finanzkennzahlen zugrunde liegenden Kosten-, Leistungs- und Ergebnisrechnungsverfahren untersucht, um die Kennzahlen (siehe Tab. 1) hinsichtlich ihrer Bestandteile, Datenquellen, Abgrenzungen und Berechnungsalgorithmen zu spezifizieren. Sukzessive wurden die fachlichen Attribute des Kennzahlensteckbriefs [Kütz 2003, S. 47] im Detail erarbeitet. Des Weiteren wurde im Fachkonzept entschieden, ob die Kennzahl als

- einzelner Wert,
- tabellarischer Bericht oder
- Pivotbericht

präsentiert werden soll. Im Hinblick auf das IT-Konzept und die Realisierung des Prototyps wurden für einige Kennzahlen entsprechende Rohdatenbestände mit Beispieldaten entwickelt und Musterberichte modelliert. Mit diesem Vorgehen konnte den Entwicklern eine fachliche Vorgabe zur Realisierung gegeben werden.

2.4 IT-Konzept und Prototyp

Das IT-Konzept setzte strukturell auf dem Fachkonzept auf und ist wie dieses nach den Perspektiven und den einzelnen Kennzahlen gegliedert. Das IT-Konzept, das iterativ mit dem Prototyp entwickelt wurde, enthält folgende Aspekte:

- Kennzahlendefinition (Referenzierung zum Fachkonzept)
- Spezifizierung und Detaillierung der Datenquellen
- Berichtsname
- Berichtsvariablen (z. B. Berichtszeiträume)
- Selektionen
- Aufgabeformate des Berichts (meistens xls-Format, das direkt importierbar ist)
- Berichtsattribute

Perspektive	Zugeordnete Kennzahlen
Finanzen	• Profitcenter-Rendite • Deckungsbeitrag je SLA des Application Management • Deckungsbeitrag je Produkt des Application Management • Auslastungsquote • Fakturaquote
Kunden	• Kundenzufriedenheitsindex • Komplexitätsgrad der Kundensystemlandschaft • Anzahl Kundenbeschwerden
Mitarbeiter	• Mitarbeiterzufriedenheitsindex • Personalkapazitäten in FTE (Full Time Equivalent) • Fluktuation/Wechselrate
Prozesse	• Anzahl abgeschlossener Tickets • Durchschnittliche Bearbeitungszeit von Tickets • Anteil korrekter OSS-Meldungen am Gesamtmeldungsaufkommen • Anzahl durchgeführter Transporte je System
Innovation	• Anzahl Nachfolgerprodukte (d. h. Neuprodukte) an produktgruppenspezifischem Portfolio • Verhältnis Nachfolgerproduktumsatz zu Vorgängerproduktumsatz (geplant) • Anzahl implementierter Prozessverbesserungen

Tab. 1: Beispielhafter Auszug aus der Liste der im Fachkonzept definierten Kennzahlen

- Berichtskennzahlen (berechnete Felder des Berichts)
- Ladezyklen
- Detailbeschreibung der manuellen oder IT-technischen Datenmanipulation

Darüber hinaus enthält das IT-Konzept Vorgaben für die Programmierung (Entwicklungsrichtlinien der E.ON IS), Designvorgaben für die Benutzeroberfläche sowie technische Beschreibungen der IT-Landschaft mit präzise beschriebenen Datenquellen und Schnittstellenspezifikationen. Bevor mit der Entwicklung des Prototyps begonnen werden konnte, waren zwei verschiedene Lösungsszenarien zu diskutieren. Zum einen das Szenario einer sofortigen Entwicklung auf der Ziel-IT-Architektur (Lösung auf Basis einer Standardsoftware) oder zum anderen die Entwicklung eines Prototyps mit einem entsprechend pragmatischen Werkzeug. Letztendlich wurde eine Zwischenlösung auf Basis von MS Access gewählt:

- Entscheidend war, dass bezüglich des Informationsbedarfs und der benötigten Kennzahlen ein Lernprozess der Organisation [Rehäuser 1999, S. 256 ff.] antizipiert wurde. Aufgrund der erwarteten Vorläufigkeit und Verfeinerungsnotwendigkeit der Anforderungen an die Kennzahlen musste eine kostenoptimierte Alternative gefunden werden.
- Bewusste Inkaufnahme, dass nach dem Lernprozess der Prototyp vollständig weggeworfen werden muss und die bis dahin konkretisierten, fachlichen Anforderungen und Kennzahlenabbildungen in einem anderen IT-System neu abgebildet werden müssen.
- Eine gründliche Evaluierung der Ziel-IT-Architektur hätte weitere Zeit gekostet und den Zeitplan verändert. Es sollte jedoch so schnell wie möglich mit der Realisierung begonnen werden.
- MS Access bot die Möglichkeit, schnell und interaktiv einen Prototyp zu erstellen.
- Einige Berichte waren bereits als Excel-Berichte verfügbar. Eine Umsetzung in MS Access war damit sehr einfach und schnell möglich.

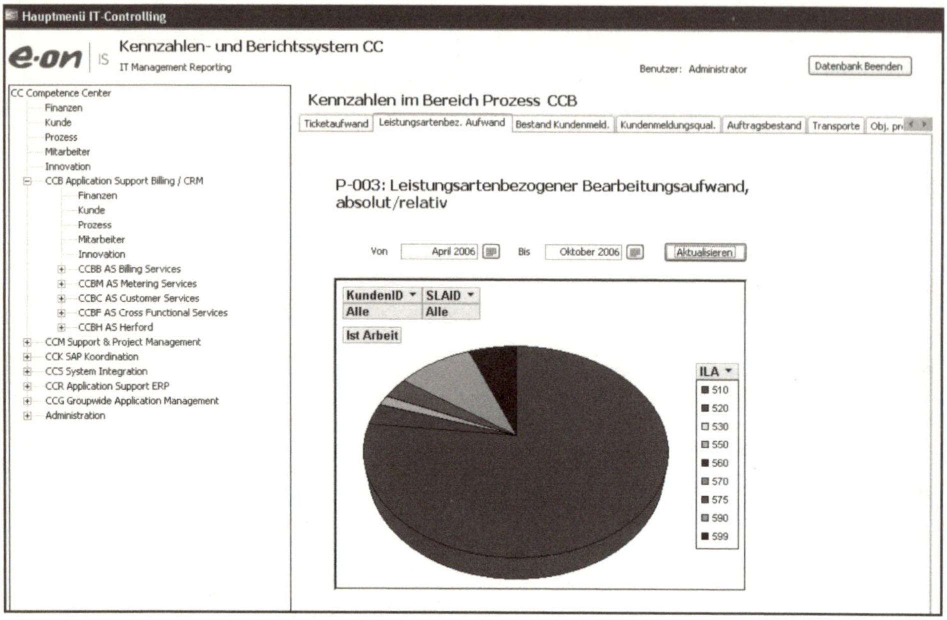

Abb. 1: Beispiel einer Kennzahlendarstellung aus dem realisierten Prototyp

Insgesamt wurden 34 anstatt der 30 priorisierten Kennzahlen im Prototyp realisiert. Dabei konnten einige manuelle Datenbeschaffungs- und Datenaufbereitungsprozesse optimiert werden. In den Prototyp werden ca. 40 Datenquellen aus operativen Vorsystemen (z. B. ARS Remedy, SAP R/3 CS) oder anderen betriebswirtschaftlichen IT-Systemen geladen. Bis zu 30 Pivot- oder Listenberichte sind im Prototyp verfügbar und geben die Möglichkeit, im Datenbestand individuell und über den standardisiert vorgegebenen Teil hinaus recherchieren zu können. Der entwickelte Prototyp (siehe Beispiel in Abb. 1) verfügt über folgende Funktionalitäten:

- Rollenkonzept: Unterscheidung von insgesamt drei verschiedenen Benutzerrollen (Entwickler, Datenadministrator und Benutzer)
- Einfaches Berechtigungskonzept, das bei der Anmeldung den Benutzer einer Rolle zuordnet und darüber den Zugriff auf die Kennzahlen steuert.
- Beschreibungen der Kennzahlen, die je Perspektive über einen Reiter erreichbar sind.
- Einzelne Kennzahlen werden direkt angezeigt, komplexere Kennzahlen können als vordefinierte Pivotberichte analysiert werden.
- Konfigurierbare Ampelfunktionen mit Eingabe von Schwellwerten
- Berichte zum Ausdrucken und Menü für Administrator für Datenladevorgänge

3 Herausforderungen und Lösungsstrategien

Im Laufe des Projektes mussten Antworten auf folgende Herausforderungen gefunden und umgesetzt werden:

Verfügbarkeit der Führungskräfte stark begrenzt

Es war vor dem Projektstart abzusehen, dass die Entscheidungsträger aufgrund einer Vielzahl von Führungs- und Fachaufgaben nur sehr begrenzt zur Verfügung stehen konnten. Daher wurde der Aufwand abgeschätzt (in Std.) und eine entsprechende Zusage der Führungskräfte eingeholt. Des Weiteren wurde die Projektleitung auf der 2. und 3. Führungsebene verankert sowie eine ergebnisorientierte Arbeitsweise vereinbart. Letzteres bedeutete, dass keine Interviews oder Besprechungen mit Führungskräften *ohne* strukturiertes Diskussions- oder Entscheidungsdokument durchgeführt werden durften. Es mussten stets Vorarbeiten durch das Projektteam erfolgen, um die zeitliche Involvierung der Führungskräfte auf ein Mindestmaß zu begrenzen oder auf die wichtigen Entscheidungen zu fokussieren.

Ableiten der richtigen Kennzahlen

Wenngleich das Projektteam einen umfassenden Satz an Bewertungskriterien zur Auswahl der »richtigen« Kennzahlen hatte, erwies sich das Ableiten der »richtigen« Kennzahl als *die* zentrale Aufgabe (in Form von Klausuren). Um eine geeignete Kennzahl abzuleiten und einem Ziel zuzuordnen, war implizit eine Vielzahl von Annahmen über Wirkungszusammenhänge aufzustellen. Es fehlte jedoch die Zeit, diese Zusammenhänge systematisch und strukturiert zu modellieren. Diese wichtige Übung wurde in die Evaluierungsphase verschoben. Darüber hinaus ergab die intensive Diskussion der Kennzahlen, dass die Abgrenzungsbasis theoretisch in einer bestimmten Weise zu definieren ist, z. B. bei der Kennzahl »*Durchschnittlicher Bearbeitungsaufwand aller in einer Periode bebuchten (Leistung in Std.) Tickets*«. Diese Kennzahl misst die Periodenleistung (Produktivität der operativen Abteilung), ist aber sowohl für den Kunden als auch für die Vertragsverhandlungen weniger relevant, weil für diesen Zweck die Kennzahl »*Durchschnittlicher Bearbeitungsaufwand aller in einer Periode abgeschlossenen Tickets*« von größerer Bedeutung ist. Aus Steuerungsgesichtspunkten waren indes für verschiedene Kennzahlen-Stakeholder beide Kennzahlen wichtig. Beispiele dieser Art gab es weitere, die folglich zu einer höheren Anzahl an Kennzahlen führte, als zuvor festgelegt wurde, und somit eine Beschränkung auf einige wenige Kennzahlen verhinderte. Dieses Problem tritt bei ca. 70 % der Unternehmen auf, wie empirische Studien zum Aufbau einer Balanced Scorecard belegen [Krause 2005, S. A6 im Anhang].

Umgang mit mehrdimensionalen Kennzahlen

Bei der Ableitung der Kennzahlen zeigte sich, dass die Beschreibung einiger Kennzahlen aufgrund ihrer Mehrdimensionalität schwierig und komplex ist. Konzeptionell handelte es sich dabei um dieselbe Kennzahl (z. B. Anzahl erfolgreich abgeschlossener Tickets), aber für die Zielwertvorgabe mussten diese Kennzahlen differenziert nach Typ und Verantwortlichkeitsbereich aufgesplittet werden. Diese Kennzahl musste über die Service-Level-Gruppen auf die Verantwortungsbereiche projiziert werden. Zudem musste der korrekte Status des Tickets ermittelt werden. Der Status »geschlossene Tickets« konnte relativ leicht abgeleitet werden, der Status »offene Tickets« bedurfte einer Aggregation der Status »in Bearbeitung«, »zugewiesen« oder »zurückgestellt« aus dem Ticket-Management-System. Darüber hinaus waren es die operativen Führungseinheiten gewohnt, im Ticketbestand zu recherchieren. Eine starre Programmierung jeder einzelnen Kennzahlenabgrenzung ergab sich als nicht zielführend und wenig flexibel. Aus diesem Grunde wurde entschieden, weitgehend vorkonfigurierte Pivotberichte im Prototyp zu realisieren. Hierzu wurden die entsprechenden Berichtsdaten in einer Form aufbereitet, dass sie pivotierbar waren.

Inhaltliche Abhängigkeiten zwischen den Kennzahlen

Ein weiteres, operatives Problem zeigte sich in der Beschreibung und Ermittlung von Kennzahlen, die auf denselben Strukturmerkmalen beruhen, jedoch entweder in Leistungen (in Form von Stunden) oder Kosten resultieren. Am Beispiel des Ticketbestands soll dieser Sachverhalt skizziert werden. Gemäß den strukturellen Abgrenzungen (bzw. Pivotierungen) sollten die Bearbeitungsaufwände ermittelt werden, um durch Division mit der korrespondierenden Anzahl der Tickets einen Durchschnittswert zu ermitteln. Problematisch war, dass die operativen Datenquellen unterschiedlich waren und zur Kennzahlenermittlung nicht exakt über dieselben Merkmale verfügten. Hieraus ergaben sich neue Anforderungen an die betriebswirtschaftlichen IT-Systeme (SAP R/3), die in Zukunft zur Einführung der Meldungsfunktion im SAP R/3 CS-Auftrag führen werden.

Priorisieren der Kennzahlen

Aufgrund der Vorgehensweise war die Kennzahlensammlung durch die operativen Führungsebenen geprägt. Im Ergebnis standen sich die Informationsbedarfe und Anforderungen der einzelnen Bereiche und Abteilungen gegenüber und waren für das Projektteam schwierig gegeneinander zu priorisieren. Warum sollten Kennzahlen aus dem Application Management für SAP R/3 IS-U höher zu priorisieren sein als die für SAP R/3 Classic? An dieser Stelle konnte nur eine übergreifende Gesamteinschätzung durch die Geschäftsbereichsleitung weiterhelfen, um zu einer Priorisierung zu kommen.

Definieren der Ursache-Wirkungs-Zusammenhänge zwischen den Kennzahlen

Eine besondere Herausforderung war die Analyse der Ursache- und Wirkungszusammenhänge zwischen den einzelnen Kennzahlen. Verschiedene Stakeholder, zum Teil divergierende Begriffsverständnisse sowie Zeitmangel und fehlende Mess- bzw. Bewertungsmethoden (z. B. keine geeigneten Datenbestände für statistische Analysen) führten dazu, dass die Zusammenhänge nur unvollständig definiert werden konnten. Eine besondere Problematik ergab sich bei der Analyse von Wirkungszusammenhängen und Wirkrichtungen und damit der Frage, welcher Art die Zusammenhänge sind. Es können nach Weber et al., zitiert in [Lelëke 2005, S. 49], folgende Zusammenhänge unterschieden werden:

- Mathematisch-analytisch
- Empirisch-sachlogisch
- Keinen Zusammenhang

Im Detail sind bei den empirisch-sachlogischen Zusammenhängen positive bzw. negative Wirkungen [Honegger 2005, S. 21 ff.] sowie direkte oder rückkoppelnde Effekte zu beachten. Eine derartig intensive Beschäftigung mit den Ursache-Wirkungs-Ketten hätte den vorgegebenen Zeitplan des Projektes überschritten. Infolgedessen wurde im Projekt vereinbart, dass die vorgesehene Evaluierungsphase von ca. 6 Monaten nach der Implementierung des Prototyps dafür genutzt werden soll, die Ursache-Wirkungs-Zusammenhänge zu verifizieren. Unter anderem wurden mit dem Bereichscontroller erste Hypothesen über Wirkungszusammenhänge aufgestellt (siehe Abb. 2). Es war allen Beteiligten bewusst, dass diese Analyse nur eine erste Näherung darstellen kann, die schrittweise verfeinert werden muss. Wichtiger erscheint aber, dass innerhalb des Managementteams (Geschäftsbereichs- bis Abteilungsleiter) ein gemeinsames Verständnis über die möglichen Wirkungszusammenhänge entwickelt wird. Dies ist Voraussetzung für die Einleitung von zielgerichteten, adäquaten und gleichgerichteten Steuerungsmaßnahmen auf allen Führungsebenen.

Abgrenzung zwischen Kennzahlen-/Berichtssystem und Planungs-/Steuerungsinstrument

Eine weitere Herausforderung war, dass es unter den Stakeholdern unterschiedliche Vorstellungen über die grundsätzliche Ausrichtung des Kennzahlensystems gab. Mithin gab es Vorstellungen, das Kennzahlensystem zum Planungsinstrument auszubauen. Ferner wurde hinterfragt, warum das Kennzahlensystem vollständige Berichte enthalten sollte. Zu diesen Fragestellungen wurde pragmatisch entschieden, dass zum einen aus Akzeptanzgründen bestehende Berichte in MS Excel durch den Prototyp abgelöst werden sollten. Hierdurch sollte

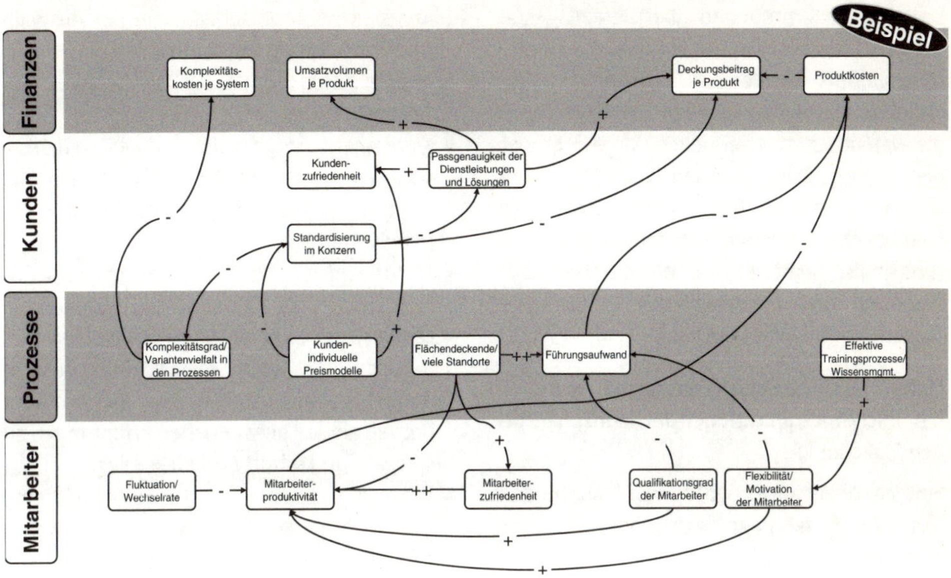

Abb. 2: Modellieren von Ursachen-Wirkungs-Ketten (illustrativ)

der Nutzung des neuen Kennzahlensystems ein wenig Nachdruck verliehen werden. Zum anderen enthielten diese Berichte berechnete Kennzahlen, die wiederum Basis für komplexe Kennzahlen waren. Somit war es im Hinblick auf eine wirtschaftliche Realisierung die einfachste Lösung, den kompletten Bericht abzubilden. Die Diskussion um die Erweiterung des Prototyps zu einem Planungswerkzeug war schwieriger zu entscheiden. Zum einen war eine einfache und flexible Planungsunterstützung in den dispositiven SAP R/3-Systemen nicht optimal unterstützt. Zum anderen hätte eine Erweiterung des Kennzahlensystems um derartige Funktionen das Zeit- und Kostenbudget gesprengt. Im Hinblick auf die mögliche Ziel-IT-Architektur in einer SAP R/3-Landschaft veranlasste das Projektteam, diese Anforderungen nicht für das Release 1 aufzunehmen, sondern auf die Zeit nach einer Migration auf die Ziel-IT-Architektur zu verschieben.

Datenbeschaffung, -bereinigung und -aufbereitung

Eine Herausforderung bei der Datenbeschaffung war das Ablösen von manuellen Bearbeitungsschritten vor dem Datenladevorgang. Die manuellen Tätigkeiten waren notwendig, weil die benötigten Daten nicht in der entsprechenden Aufbereitung, Abgrenzung oder Vollständigkeit direkt verfügbar waren. Das Bereichscontrolling unterstützte tatkräftig die Problemlösung in der Form, dass in Zusammenarbeit mit dem zentralen Controlling teilweise neue Berichte realisiert wurden, die folglich ohne manuelle Bearbeitungsschritte in den Prototyp hochgeladen werden konnten. Leider gelang das bis zur Übergabe des Prototyps in den Evaluierungsbetrieb nicht für alle Kennzahlen. Als Lösungsstrategie wurden alle notwendigen, manuellen Datentransformationsschritte detailliert im IT-Konzept beschrieben und somit transparent gemacht. Bei der Datenaufbereitung musste das Projektteam mit der limitierten Zeit der Führungskräfte umgehen. Umfassende Abstimmungen über Berichtsgestaltung und Visualisierungen konnten nur selektiv durchgeführt werden. Als Lösung hat das Projektteam soweit wie möglich antizipiert, wie die Daten benutzerfreundlich dargestellt werden können. Dabei wurden bekannte Techniken, wie Explorer, Reiter oder vordefinierte Pivotberichte, genutzt. Die folgende Evaluierungsphase wird zeigen, ob die Datenaufbereitung und -präsentation aus Sicht der Stakeholder angemessen war.

Unterschiedliche Begriffsverständnisse und inhaltliche Interpretationen der Kennzahlen bei den Stakeholdern

Eine große Herausforderung war insbesondere das heterogene Begriffsverständnis der verschiedenen Stakeholder. Es glich einem babylonischen Sprachenwirrwarr, weil für dieselbe Kennzahl 3 bis 4 verschiedene Begriffe existierten. Das Projektteam musste lernen, dass es keine einheitliche Sprache unter den Beteiligten gab. Das Projekt initiierte konstruktive Lernprozesse unter allen Beteiligten. Die Erstellung eines Glossars erwies sich als sehr hilfreich, war aber allein nicht ausreichend. Insbesondere in persönlichen Diskussionen, die einen hohen Kommunikationsaufwand erforderten, konnten Missverständnisse und Ungenauigkeiten aufgedeckt und beseitigt werden.

4 Erfolgsfaktoren und Lessons Learned

4.1 Erfolgsfaktoren

Erfolgsfaktoren sind solche Einflussfaktoren oder Rahmenbedingungen, die ganz wesentlich zum Gelingen und zum Erfolg eines Vorhabens (kann ein Prozess oder ein Projekt sein) beitragen. Für die Entwicklung des zuvor beschriebenen IT-Kennzahlensystems waren folgende Faktoren für den Erfolg des Projektes verantwortlich:

- *Unterstützung und Einbindung des Managements* in den Rollen des Geschäftsbereichsleiters, der Bereichsleiter bis hin zu den Abteilungsleitern, insbesondere bei der Auswahl und Priorisierung der Kennzahlen.
- *Intensive Mitarbeit des Bereichscontrollers* zur Ausgestaltung der Finanzperspektive.
- *Klare Abgrenzung vor der Realisierung dessen, was der Prototyp leisten soll* (z.B. kein Planungsinstrument, aber Kennzahlen- und Berichtssystem).
- *Prototyping*, um fachliche und technische Anforderungen besser beurteilen zu können.
- *Lernkurvenorientiertes Vorgehen*, insbesondere um Hypothesen über Wirkungszusammenhänge aufzustellen und im Prototyp-Betrieb an den gesammelten Erfahrungen zu spiegeln und schrittweise festzulegen.
- *Klare und abgestimmte Methodik*, wie eine exakte fachliche Beschreibung der Kennzahlen im Fachkonzept und eine technische Beschreibung im IT-Konzept.
- *Straffes Projektmanagement* war notwendig, um nach der Scope-Definition und Priorisierung der zu realisierenden Kennzahlen ein Einfrieren der Anforderungen durchzuhalten. Hierzu hat sich der etablierte Request-for-Change-Prozess im Projekt als erfolgskritisch herausgestellt, um im vereinbarten Zeit- und Aufwandsbudget zu bleiben (Liefertreue).

4.2 Lessons Learned

Jedes Projekt generiert Lernkurven. Dies gilt ebenso für das hier skizzierte Projekt. Zum Projektabschluss wurden im Projektteam folgende Fragestellungen offen diskutiert:

- Was hat sich bewährt?
- Was wurde gelernt?
- Was sollte man beim nächsten Mal anders machen?

Das Resultat waren folgende Lessons Learned.

Lessons Learned 1: Aufwand der Istanalyse wurde unterschätzt

Der Aufwand für die Istanalyse der Kennzahlen wurde unterschätzt. Dies lag zum einen an der Verfügbarkeit, Aktualität und Dokumentationsgrad des bestehenden IT-Kennzahlen- und Berichtssystems. Zum anderen mussten Istberichtsprozesse analysiert und modelliert werden, um die Datenherkunft und -bearbeitung hinreichend zu erfassen und zu verstehen. Eine ausschließliche Konzentration auf neue Kennzahlen wäre nicht ausreichend gewesen, weil die Interpretation der Kennzahl erheblich von ihren konkreten Bestandteilen (z. B. bestimmte Kostenarten oder Bearbeitungsaufwände bestimmter Prozessschritte) abhängig ist.

Lessons Learned 2: Wirkungszusammenhänge schwierig zu definieren und nur mit hohem Aufwand transparent zu machen

Wie zuvor bei den Herausforderungen dargelegt, kann die Fragestellung nach den Wirkungszusammenhängen nur im Zuge einer Evaluierungsphase umfassend beantwortet werden. Hierfür ist eine entsprechende Methodik zu entwickeln bzw. zu adaptieren. Diese Methodik kann wiederum nur in mehreren Schritten erlernt werden. Erste Hypothesen wurden aufgestellt und werden nach der Erprobungsphase des Prototyps verifiziert und validiert.

Lessons Learned 3: Kennzahlensteckbrief aus der Literatur hat sich als geeignet herausgestellt

Der Kennzahlensteckbrief [Kütz 2003, S. 47] als Starthilfe hat sich sehr bewährt. Nach den Erfahrungen im Projekt sollte dieser um entsprechende »Lagging«-Informationen, d. h., welches Verhalten ist beim Informationsadressat zu erwarten, ergänzt werden. Dies gilt insbesondere für Kunden, deren Verhalten bzw. Reaktionen auf bestimmte Ist- oder Schwellwerte von Kennzahlen prognostiziert werden sollen.

Lessons Learned 4: Empirische Studien über Kennzahlen hilfreich, aber zu wenig detailliert

Die Literaturrecherche zu Anbeginn des Projektes förderte Quellen (u.a. eine empirische Studie) zutage, die als Ideengeber sehr hilfreich waren. Jedoch war eine genaue Interpretation der Kennzahl ohne Detailbeschreibungen nicht möglich. Dies ist aber Voraussetzung für eine qualifizierte Diskussion mit den Führungskräften.

Lessons Learned 5: Kennzahlen der Innovationsperspektive setzen Instrumente des Produktportfolio-Managements voraus

Während der Diskussion von Kennzahlen der Innovationsperspektive ergaben sich Probleme bei der Definition und Abgrenzung von Produkten im Application Management, die notwendige Voraussetzung für die Definition von Kennzahlen sind. Beispielsweise erfordert die Kennzahl »Anzahl neuer Produkte des Application Management« ein geeignetes Produktportfolio-Management, das Vorgänger- und Nachfolgerbeziehungen zwischen den einzelnen Produkten definiert. Aus dem Kennzahlenprojekt heraus konnten neue Anforderungen an das Produktportfolio-Management generiert werden, die nun in einem separaten Projekt bzw. Konzept aufgegriffen und umgesetzt werden.

Lessons Learned 6: Prototyp mit MS Access ist sehr hilfreich, die Anforderungen zu konkretisieren

Es hat sich bewährt, einen Prototyp zu entwickeln, um an diesem die definierten Kennzahlen zu evaluieren. Damit war es möglich, sich im Rahmen dieses Projektes auf die inhaltliche Ausgestaltung zu konzentrieren. Zudem wurden neue Kennzahlen und Vorstellungen seitens des Projektteams über geeignete Kennzahlen- und Berichtsdarstellungen plastischer darstellbar, als wenn die Stakeholder lediglich eine textuelle Beschreibung erhalten hätten.

Lessons Learned 7: Prozesskennzahlen sehr viel schwieriger zu ermitteln und zu realisieren als Finanzkennzahlen

Prozesskennzahlen waren durchgängig schwieriger und aufwendiger zu ermitteln. Dies lag zum einen daran, dass das Prozesscontrolling bereits sehr ausgefeilt war. Zum anderen hatten sich die operativen Prozesse durch die zurückliegende SOX-Initiative oder die Einführung neuer Administrationssoftware (z. B. SAP R/3-CS-Auftragswesen) massiv verändert. Hieraus resultierten neue Prozesscontrolling-Möglichkeiten, aber auch entsprechende Anpassungsbedarfe.

Lessons Learned 8: Ein Kennzahlensystem wird nie fertig

Abschließende Erkenntnis war, dass ein Kennzahlensystem im Prinzip nie fertig wird. Schon kurz nach dem Betriebsübergang des Prototyps vom Projekt in den Testbetrieb zeigten sich zahlreiche Änderungs- und Weiterentwicklungswünsche der Stakeholder. Ein IT-Kennzahlensystem zu definieren ist nur der erste Schritt. Ein weiterer Schritt ist neben der Nutzung insbesondere die kontinuierliche Weiterentwicklung des Kennzahlensystems auf Basis eines standardisierten Change-Management-Verfahrens. Letzteres ist zwingend erforderlich, um das Kennzahlensystem sowohl inhaltlich als auch technisch zielgerichtet weiterzuentwickeln. Entsprechende Vorgehensweisen wurden im Projekt in Form eines Betriebskonzepts beschrieben.

5 Literatur

[Honegger 2005] *Honegger, B. B.:* Konzepte und Wirkungszusammenhänge bei Beschaffung und Betrieb von Informatikmitteln an Schulen. Dissertation, Eidgenössische Technische Hochschule Zürich (ETH), 2005.

[IEEE1219 1998] *IEEE 1219:* Standard for Software Maintenance. 1998.

[Krause 2005] *Krause, O.:* Performance Management. Eine Stakeholder-Nutzen-orientierte und Geschäftsprozess-basierte Methode. Dissertation, Technische Universität Berlin, 2005.

[Kütz 2003] *Kütz, M. (Hrsg.):* Kennzahlen in der IT. Werkzeuge für Controlling und Management. dpunkt.verlag, Heidelberg, 2003.

[Lehner 1991] *Lehner, F.:* Software-Wartung. Management, Organisation und methodische Unterstützung. Hanser-Verlag, München, Wien, 1991.

[Lelke 2005] *Lelke, F.:* Kennzahlensysteme in konzerngebundenen Dienstleistungsunternehmen unter besonderer Berücksichtigung der Entwicklung eines wissensbasierten Kennzahlengenerators. Dissertation, Universität Duisburg-Essen, 2005.

[Rehäuser 1999] *Rehäuser, J.:* Prozessorientiertes Benchmarking im Informationsmanagement. DUV, Wiesbaden, 1999.

[Van der Pols 2004] *Van der Pols, R.:* ASL – A Framework for Application Management. Van Haren Publishing, Zaltbommel, 2004.

[Wiese 2000] *Wiese, J.:* Implementierung der Balanced Scorecard. Grundlagen und IT-Fachkonzept. DUV, Wiesbaden, 2000.

Dipl.-Wirtsch.-Inf. Holger Kathmann
Unit-Leiter CCRF
E.ON IS GmbH
Humboldtstr. 33
30169 Hannover
holger.kathmann@eon-is.com
www.eon-is.com

Dipl.-Wirtsch.-Inf. Michael Maicher
Geschäftsführer
Ardour Consulting Group GmbH
Seeheimer Str. 10
64342 Seeheim-Jugenheim
michael.maicher@ardour.de
www.ardour.de

Can Adam Albayrak, Andreas Gadatsch, Dirk Olufs

IT-Outsourcing im Kontext global tätiger Unternehmen

Outsourcing wird meist unter den Gesichtspunkten Kostenreduktion und Steigerung der Leistungsfähigkeit der Informationstechnik betrachtet. Weniger stark im Fokus steht die Frage der erfolgreichen Transition im Hinblick auf die verbleibende Organisation im Unternehmen. Ohne ein leistungsfähiges Managementsystem (verbleibende Steuerungsorganisation) ist erfolgreiches Outsourcing nicht möglich. Strategische Planung der Informationstechnik und Steuerung der IT-Dienstleister verbleiben im Unternehmen. Dies gilt insbesondere für den in letzter Zeit immer aktuelleren Outsourcing-Spezialfall »Offshoring« bzw. »Nearshoring«. Die Autoren betrachten daher in diesem Artikel das Thema Outsourcing von IT-Leistungen bei global tätigen Unternehmen und gehen dabei besonders auf Offshore- und Nearshore-Outsourcing ein. Generelle Kriterien für die Planung und Umsetzung von IT-Outsourcing-Entscheidungen werden durch ein aktuelles Fallbeispiel ergänzt, in dem Ziele, Problemstellung und Umsetzung eines Outsourcing-Projektes in der Praxis beschrieben werden.

Inhaltsübersicht

1 IT-Outsourcing

1.1 IT-Sourcing als Führungsaufgabe

IT-Leistungen müssen die Prozesse des Kerngeschäftes, der Querschnittsprozesse und zunehmend auch Teile der Prozessketten der Kunden und Lieferanten unterstützen. Genau wie die Fertigungstiefe in der Produktion des Kerngeschäftes kann auch die Fertigungstiefe bei der Erbringung von IT-Dienstleistungen stark variieren. Es gibt Unternehmen, die sämtliche IT-Leistungen, also beispielsweise IT-Entwicklung oder IT-Betrieb, selbst erbringen, und auf der anderen Seite gibt es Unternehmen, die die Erbringung von IT-Leistungen vollständig an einen konzerneigenen oder externen IT-Dienstleister vergeben haben. Der Schwerpunkt der zweiten Art von IT-Organisationen liegt folglich auf der Steuerung externer Dienstleister durch eine verbleibende Steuerungsorganisation (Retained Organization), also eine in der Regel relativ kleine Anzahl von Beschäftigten, die vergleichsweise sehr hochwertige Aufgaben erbringen. Mischformen zwischen diesen beiden Extremen, bei denen beispielsweise der Betrieb der IT-Netze (WAN) bei einem Netzanbieter eingekauft wird, sind ebenfalls weit verbreitet.

Eine wesentliche Aufgabe des Chief Information Officer (CIO), also des Leiters einer geschäftsgetriebenen IT-Organisation, ist es, die IT-bezogenen Anforderungen aus den Fachbereichen aufzunehmen, zu konsolidieren und als Auftraggeber bei Lieferanten im eigenen Haus oder am externen Markt nachzufragen, um ein einheitliches Gesamtpaket an IT-Leistungen zur Verfügung zu stellen. Zu den Leistungen zählen neben den klassischen IT-Leistungen wie Rechenzentrumsleistungen, die Bereitstellung von IT-Netzen zur Daten- oder Sprachübertragung, die Bereitstellung von PCs und IT-Entwicklungsleistungen auch zunehmend IT-bezogene Beratung sowie die Bereitstellung von produktorientierten oder serviceorientierten Lösungspaketen [Zarnekow & Brenner 2003]. Im Kontext globaler Unternehmen kann der IT-Wertschöpfungsprozess (siehe Abb. 1) dabei besonderen Gesetzmäßigkeiten unterliegen, indem zur Realisierung einer IT-Strategie bestimmte IT-Leistungen zur Erreichung von Skaleneffekten zentral und andere aus Flexibilisierungsvorteilen dezentral erbracht werden.

Sowohl dezentral als auch zentral erbrachte Leistungen der IT-Wertschöpfungskette kommen bis auf die stets im Unternehmen verbleibende IT-Strategie, IT-Planung und Steuerung grundsätzlich als Objekt von Outsourcing-Entscheidungen in Betracht. Im Fallbeispiel (vgl. Abschnitt 3) werden nur die Hardware, die IT-Infrastruktur sowie die IT-Netze betrachtet.

Für Außenstehende (z. B. die Unternehmensleitung oder Fachmanager) ist es häufig nicht verständlich, wieso der IT-Einsatz in der Summe oftmals sehr hohe Kosten verursacht. Dem CIO wird dabei oft unterstellt, dass sich die IT nur bedingt rechnet. Für ihn ist es also wichtig, auf der einen Seite die an die IT gestellten Erwartungen hinsichtlich Art und Umfang der IT-Leistungen zu befriedigen und auf der anderen Seite dabei die an ihn gestellten Erwartungen hinsichtlich der Gesamtkosten nicht aus dem Auge zu verlieren. In [Olufs & Albayrak 2004] diskutieren die Autoren darüber hinaus die Verteilung der IT-Gesamtbudgets mit den drei Budgetblöcken

(1) Budget für IT-Projekte (Entwicklungskosten für Neu- und Weiterentwicklungen von Software, Beratungskosten, Vorstudien, Machbarkeitsstudien etc.),
(2) Budget für IT-Infrastruktur (Rechenzentren, PC-Ausstattung an Arbeitsplätzen, Service-Desk, Netzkosten für Datentransport und Telefonie, Anwendungssupport, Wartungsverträge etc.),
(3) Budget für IT-Kunden- und Lieferantenanbindungen (Kosten für die elektronische Datenanbindung und Datenaufbereitung, Beratung, Projekte etc.)

als eine wesentliche Aufgabe eines CIO. Die Innovationsfähigkeit eines Unternehmens kann beispielsweise gestärkt werden, wenn mehr Budget für IT-Projekte zur Verfügung gestellt wird. Sinkende Infrastrukturbudgets bei gleichem Serviceversprechen deuten auf eine gestiegene Effizienz der IT-Infrastrukturdienste hin. Steigende Budgets für Kundenprojekte weisen auf eine stärkere elektronische Anbindung von externen Kunden und die steigende Bedeu-

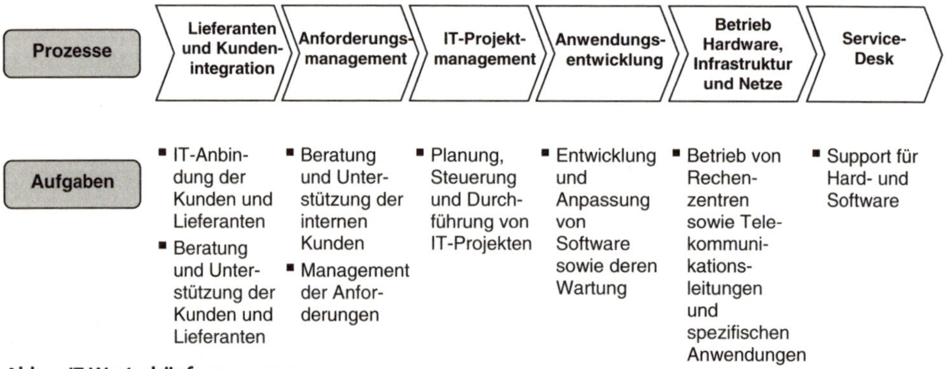

Abb. 1: IT-Wertschöpfungsprozesse

tung für die Vernetzung von Kunden (und gegebenenfalls Lieferanten) hin.

Eine weitere Kernfrage für einen CIO ist die oben bereits erwähnte Fertigungstiefe bei der Erbringung von IT-Dienstleistungen. Hierbei spielen neben der strategischen Ausrichtung des Unternehmens und der IT-Strategie bei multinationalen Unternehmen insbesondere auch Konzernvorgaben und die Möglichkeiten im Konzern eine besondere Rolle. Neben den traditionellen Gründen, die Fertigungstiefe durch Outsourcing zu verringern, ist es gerade für global organisierte Unternehmen aufgrund ihrer verteilten Geschäftstätigkeiten deutlich einfacher, IT-Leistungen durch Nutzung des Lohngefälles zwischen Europa und Niedriglohnländern bzw. durch Nutzung des Lohngefälles innerhalb Europas günstiger zu beziehen als für Unternehmen, die nicht global tätig sind.

1.2 IT-Outsourcing-Varianten

Der Begriff Outsourcing stammt nach einhelliger Literaturmeinung aus dem angelsächsischen Sprachraum und wurde als Kunstwort aus den Worten »Outside« und »Resource« bzw. »Outside Resource Using« gebildet. Outsourcing durch Verlagerung von Wertschöpfungsaktivitäten des Unternehmens auf Zulieferer nutzt unternehmensexterne Ressourcen. Outsourcing verlagert funktional oder organisatorisch abgegrenzte Unternehmensteile auf Fremdfirmen. Typische Beispiele aus der Informationstechnik sind Ausgliederungen des zentralen Rechenzentrums, der Anwendungsentwicklung oder von Service-Desks (Hotlines, User-Help-Desk).

Inzwischen haben sich über mehrere Jahre hinweg Outsourcing-Varianten in- und außerhalb der Informationstechnik entwickelt. Die einfachste Form des Outsourcings in der Informationstechnik erfolgt beim Einsatz von Standardsoftware. Diese Form wird seit Jahren praktiziert, ohne noch als Outsourcing zu gelten.

Nach der Art des ausgelagerten Know-hows lassen sich *drei Grundformen* unterscheiden, die in der Praxis in mehreren Varianten anzutreffen sind: klassisches *Plattform-Outsourcing, Application Service Providing (ASP) und Business Process Outsourcing (BPO)*. Daneben gewinnen *Shared-Service-Center* zunehmend an Bedeutung.

Klassisches Plattform-Outsourcing

Beim klassischen Plattform-Outsourcing wird der gesamte operative Aufgabenumfang des Rechenzentrumsbetriebes von einem Outsourcing-Anbieter übernommen einschließlich der Netzleistungen. Eine andere Form des Plattform-Outsourcings gliedert die PC-Beschaffung und den PC-Benutzerservice aus.

Application Service Providing (ASP)

Beim Application Service Providing (ASP) werden im outsourcenden Unternehmen lediglich Endgeräte für die Mitarbeiter benötigt. Server, Betriebs- und Anwendungssoftware, teilweise inkl. Wartung und Service-Desk, stellt der Service-Provider zur Verfügung. Die Verbindung zum Service-Provider läuft meist über das Internet.

Business Process Outsourcing (BPO)

Unter dem Kürzel BPO (Business Process Outsourcing) wird ein weitergehender Lösungsansatz diskutiert, der ganze Geschäftsprozesse umfasst. Die IT ist meist Hauptbestandteil des Vertrages. Zusätzlich erbringt der Dienstleister weitere Leistungen. Allerdings hat sich noch kein Begriffssystem etabliert, so dass sehr unterschiedliche Definitionen üblich sind [Riedl 2003, S. 4].

1.3 Internes Outsourcing in Konzernen (Shared-Service-Center)

In der Praxis werden häufig von Beratungsunternehmen und Dienstleistern neue Begriffsschöpfungen diskutiert. Begriffe wie »selektives Outsourcing«, »partielles Outsourcing«, „Outtasking« oder »smartes Outsourcing« sind Varianten des IT-Outsourcings, die nicht die Auslagerung der gesamten IT, sondern nur einzelner Aufgaben zum Inhalt haben. Insbesondere der Begriff »Shared-Service-Center« wird in der letzten Zeit besonders stark in der Fachpresse herausgestellt. Unter dem Begriff wird die konzerninterne Bündelung von Leistungen wie Personalwesen, Training, Immobilien, Fuhrpark, Informationstechnik u.a. teilweise sogar in eigenen Tochtergesellschaften verstanden, ohne dass die unternehmerische Verantwortung aufgegeben wird. Oft werden unter dem Dach eines Shared-Service-Unternehmens sehr unterschiedliche Aufgaben eines Konzerns gebündelt, die von mehreren Geschäftseinheiten benötigt werden. Das Beispiel der BBS (Bayer Business Services) zeigt, dass dies sehr unterschiedliche Aufgaben sein können, denn die Bayer-Tochter betreibt sehr vielfältige Services, wie Restaurants und Rechenzentren [Niebuer & Funke 2006, S. 33]. Allerdings werden Shared-Service-Center meist nur für nicht geschäftskritische Unterstützungsaufgaben eingesetzt. Lixenfeld [Lixenfeld 2006, S. 10] berichtet in diesem Zusammenhang beispielsweise vom Fahrzeugbauer MAN, der für sämtliche Standarddienstleistungen ein Shared-Service-Center gegründet hat. Leistungen, die dagegen der Produktionssteuerung und Produktentwicklung dienen, werden weiterhin von internen Konzernabteilungen betreut.

2 Entscheidungskriterien für IT-Outsourcing-Entscheidungen

2.1 Chancen

Die Erwartungen der auslagernden Unternehmen an Nearshore- und Offshore-IT-Projekte sowie an den Betrieb von Rechenzentren in Niedriglohnländern wie der Tschechischen Republik sind sehr vielschichtig, obwohl in der Öffentlichkeit meist nur der vermeintliche oder tatsächliche Kostenvorteil durch das geringere Lohnniveau in den Auslagerungsländern diskutiert wird. In der Praxis werden aus Sicht der auslagernden Unternehmen vier wesentliche Gründe für den Trend zum IT-Offshore angegeben [Amberg et al. 2005]:

1. *Kostenreduktion:* Nutzung des Lohngefälles zwischen Europa und Niedriglohnländern wie Indien, China u. a., aber auch Nutzung des Lohngefälles innerhalb Europas zwischen Hochpreisländern wie Deutschland und anderen Ländern der Europäischen Union
2. *Flexibilisierung des Arbeitseinsatzes* bzw. der eingesetzten Mitarbeiterzahl: Ausgleich von Marktschwankungen
3. *Qualitätsverbesserung:* Nutzung des Know-hows spezialisierter Anbieter
4. *Reduzierung der Time-to-Market*, d.h. Beschleunigung der Produktentwicklungsprozesse der eingesetzten Softwareprodukte

Kostenreduktion

In Deutschland machen die Lohnkosten noch einen erheblichen Anteil an den Softwareerstellungskosten aus. In den zahlreich veröffentlichten Untersuchungen werden unterschiedliche Anteile genannt. Als typisch gilt z. B. die Angabe von 42 % Lohnkosten und 17 % Softwarekosten (Lizenzen, Wartungsgebühren an Hersteller) der Meta Group [Meta Group Deutschland 2004, S. 53]. Die Unternehmen versprechen sich durch Offshore insbesondere Einsparungen im Bereich der Personalkosten, denn eine Verlagerung der Aktivitäten in inländische Unternehmen erscheint wegen der gleichen Lohnkostenhöhe und Produktivität weniger sinnvoll [Endres 2004, S. 548].

Die erhofften und teilweise realisierten Einspareffekte des Offshore-Outsourcings sind sehr hoch, allerdings werden auch große Anteile hiervon durch den erhöhten Koordinationsaufwand durch die verbleibende Steuerungsorganisation sowie Qualitätssicherungsmaßnahmen aufgezehrt. Eine Studie von CFO-Research geht von 10-30 % Einsparpotenzialen in der pharmazeutischen Industrie aus [Oehler 2005]. Noch höhere Einsparpotenziale werden von Dressler [Dressler 2005] für stark standardisierbare transaktionsorientierte Prozesse, wie z. B. Buchhaltung, vermutet.

Flexibilisierung

Für die Entwicklung und den Betrieb von Software wird spezielles Personal benötigt. Das Personal muss sich permanent weiterbilden und steht daher nicht uneingeschränkt für produktive Einsätze bereit. Unternehmen versprechen sich von Offshore-Projekten einen flexiblen Zugriff auf ausreichend qualifiziertes Personal ohne Kapazitätsbeschränkungen. Insbesondere der Offshore-Standort Indien mit seiner hohen Anzahl von qualifizierten IT-Arbeitskräften untermauert diese Zielsetzung in den Augen der auslagernden Unternehmen.

Qualitätsverbesserung

Die auslagernden Unternehmen erhoffen sich durch das Offshore-Outsourcing, dass die spezialisierten Anbieter die zu erbringenden Leistungen auf einem höheren Qualitätsniveau anbieten können. Hierzu zählen wir auch fortschrittlicherer Technologien. Dadurch wären die Unternehmen dann in der Lage, sich stärker auf ihre Kernkompetenzen zu konzentrieren.

Verkürzungen der Time-to-Market

Offshore-Projekte können die Dauer der Entwicklungstätigkeit und damit auch die Time-to-Market, also die Zeit von der Produktidee bis zur Vermarktung eines Softwareproduktes, verkürzen. Da die Offshore-Anbieter über eine hohe Anzahl von Arbeitskräften verfügen, kann versucht werden, durch Verteilung der Entwicklungstätigkeiten auf mehrere Personen die Durchlaufzeit zu verkürzen. Die Ausnutzung verschiedener Zeitzonen kann dazu genutzt werden, Arbeitsprozesse deutlich zu beschleunigen.

Beispiel: Übergabe von Arbeitsaufträgen bis 17.00 Uhr oder später in Europa an ein Offshore-Unternehmen, für das zu dieser Zeit der nächste Arbeitstag beginnt. Die Übernahme der fertigen Arbeitsergebnisse erfolgt am nächsten Morgen in Europa durch den Auftraggeber.

Allerdings steigt hierdurch der Aufwand für Koordination und Projektmanagement drastisch an und kann die Nutzeffekte deutlich reduzieren oder im schlimmsten Fall vollständig aufzehren.

2.2 Risiken

Den auslagernden Unternehmen sind die Risiken der Verlagerung durchaus bewusst. Eine Onlineumfrage des Beratungshauses Mummert Consulting unter 460 Fach- und Führungskräften zeigt, dass die Problematik der zunehmenden Abhängigkeit vom Outsourcing-Dienstleister und der Verlust an Know-how und Kontrolle durchaus ernst genommen werden (vgl. Abb. 2).

Abhängigkeit

Insbesondere die drohende Abhängigkeit hält noch viele Unternehmen von Offshore-Projekten ab. Sind die Prozesse erst einmal ausgelagert, das eigene Personal zum Dienstleister transferiert oder freigesetzt, fehlt im auslagernden Unternehmen das Know-how, die Qualität der Leistungserbringung des Dienstleisters zu managen. Die Möglichkeit, eine verbleibende Steuerungsorganisation aus den zu transferierenden Beschäftigten zu rekrutieren, indem die »Besten« beim Outsourcing-Nachfrager verbleiben, ist im Rahmen eines Betriebsüberganges nach § 613a BGB rechtlich nur eingeschränkt möglich.

Störungen der Lieferkette

Noch weitgehend unerforscht sind die negativen Wirkungen der Komplexität durch die unterbrochene Lieferkette. »Outsourcing stört die Lieferkette«, meldete das CIO-Magazin treffend. Die Zeitschrift bezieht sich hierbei auf eine Untersuchung des Beratungsunternehmens McKinsey. Dieses hatte herausgefunden, dass die wachsende Zahl von Outsourcing-Projekten den Fluss kritischer Informationen unter-

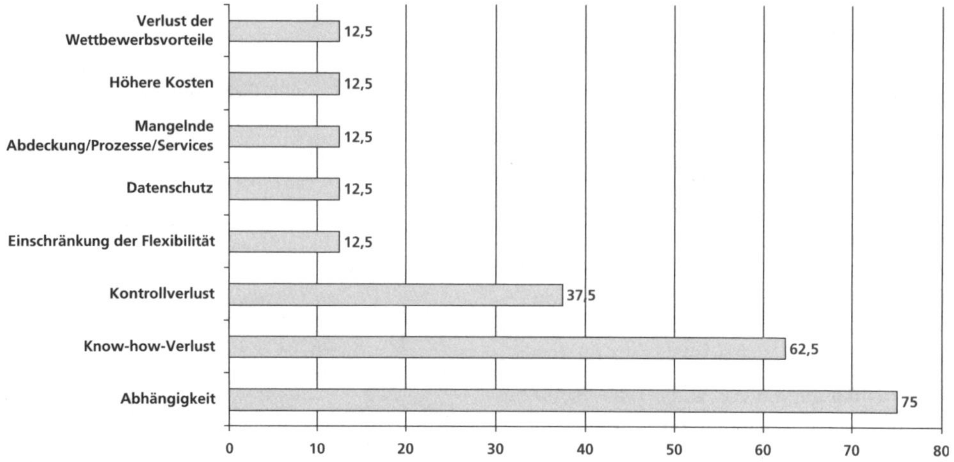

Abb. 2: Onlineumfrage von Mummert Consulting: Befürchtungen bei einem Offshore-Outsourcing, Mehrfachnennungen möglich [Reinking & Bereszewski 2004]

bricht. Der Zugang zu kritischen Unternehmensdaten (Qualität der Erzeugnisse, Lagervorräte und Produktionsleistung) wird durch die Auslagerung von Teilprozessschritten einer Lieferkette immer schwieriger, zuweilen auch fast unmöglich, wenn Dienstleiter den Zugang zu Detailinformationen verweigern. Diese Situation wirkt sich gleichermaßen auf die Auskunftsfähigkeit in Richtung öffentlicher Stellen aus, um Auskunftspflichten der Steuerbehörden oder nach dem Sarbanes-Oxley Act nachzukommen.

Umstellungskosten

Die Umstellungskosten der internen Geschäftsprozesse werden von vielen Unternehmen unterschätzt, obwohl das Thema oft diskutiert wird. Beim ersten Offshore-Projekt muss mit hohen Investitionskosten gerechnet werden, die bei isolierter Betrachtung zu einem negativen internen Zinsfuß führen.

Ein wesentlicher Aspekt sind die *langen Vertragsverhandlungen*, die bereits vor dem Projektstart zu hohen Kosten führen. Zu den Verhandlungen reisen oft mehrköpfige Delegationen von bis zu 15 Personen aus Indien an [Vogel 2005, S. 15], deren Teilnehmer sich aktiv in die Vertragsverhandlungen einbinden möchten. Bei Offshore-Projekten stehen nach Erfahrungen aus der Praxis hohen Anbahnungskosten niedrigere Wartungs- und Betriebskosten gegenüber [Cramer-Schliefke 2004]. Die erhöhten Kosten betreffen vor allem den Managementaufwand zur Pflege der Geschäftsbeziehungen mit dem Offshore-Partner sowie den Projektmanagementaufwand zur Koordination der operativen Arbeitsgruppen bzw. Projektteams.

Darüber hinaus besteht das Risiko, dass durch die organisatorischen und technischen Veränderungen während der Umstellungsphase der laufende IT-Betrieb beeinträchtigt wird und Kunden die Umstellungsarbeiten im IT-Bereich bemerken. Das Risiko wird noch größer, wenn Teile der Beschäftigten nicht aktiv und zielgerichtet auf die Umstellung hinarbeiten, sei es weil ihre eigene Zukunft nach Abschluss der Umstellungsphase unklar ist oder weil sie vom Outsourcing-Dienstleister und den Zielen des Outsourcings nicht überzeugt sind. Dieser Zustand kann noch verstärkt werden, wenn involvierte Führungskräfte nicht konstruktiv an der Zielerreichung mitarbeiten. Der Zustand ist ähnlich dem Zustand, der beim Zusammenschluss von IT-Bereichen und IT-Abteilungen infolge von Firmenzusammenschlüssen beobachtet werden kann (vgl. hierzu ausführlich [Albayrak & Gadatsch 2006].

Ein weiteres Risiko ist die Beteiligung durch den Sozialpartner: Oftmals ist mit dem Outsourcing ein Betriebsübergang gemäß § 613a BGB verbunden, also ein Übergang der wesentlichen Betriebsmittel auf eine andere Person oder Gesellschaft, bei dem das neue Unternehmen in vollem Umfang in die bestehenden Arbeitsverhältnisse eintritt. Auch wenn solcher Betriebsübergang nicht in allen Fällen erfolgt, sollte der Sozialpartner rechtzeitig mit eingebunden werden. Dies ist eine Besonderheit, die gerade beim Outsourcing an Dienstleister außerhalb Deutschlands teilweise nicht bedacht wird.

Aus den vorgenannten Gründen gehen zahlreiche Offshore-Praktiker davon aus, dass IT-Offshore-Projekte erst ab einer Größenordnung von etwa 300 Mitarbeitern (Gesamtbelegschaft des Unternehmens) wirtschaftlich sinnvoll sind. Bei kleineren Unternehmen ist der Aufwand für die Vorbereitung und Steuerung des Offshore-Projektes zu groß.

3 Fallbeispiel: IT-Outsourcing in der Praxis

3.1 Ausgangssituation

Die Ausgangssituation des hier beschriebenen Praxisbeispiels war durch zahlreiche Faktoren geprägt:

- *Nicht integrierte IT-Landschaft:* Die IT-Infrastruktur besteht aus einer gewachsenen IT-Landschaft, die sich durch schlechte Wartbarkeit und nur bedingte Erweiterbarkeit auszeichnet. Veränderungen aufgrund von Geschäftsanforderungen können nur reaktiv und in komplexen Projekten zu hohen Kosten umgesetzt werden.
- *IT kann Businessveränderungen auf der Infrastrukturseite nicht schnell genug folgen:* Der durch starken Wettbewerb gekennzeichnete Markt bedingt eine Anpassung auch der IT mit kurzen Time-to-Market-Zeiten. Die oben beschriebene Komplexität der IT-Landschaft hat zur Folge, dass Veränderungen auf der IT-Seite nicht in dem Maße erfolgen können, wie dies fachseitig gewünscht wird, und dass das Risiko des Scheiterns von Projekten deutlich erhöht ist. Der Erfolg schwieriger Integrationsprojekte kann damit nicht genau vorhergesagt werden.
- *Hohe Veränderungsdynamik durch große Anzahl von IT-gestützten Business-Projekten:* Die gerade bereits beschriebene Wettbewerbssituation zwingt die Fachabteilungen nicht nur zu einer schnellen, sondern auch zu einer ständigen Anpassung in Business-Projekten. Da eine Vielzahl der Business-Projekte eine IT-Unterstützung erfährt, wirkt sich diese Dynamik auch auf laufende IT-Projekte aus.
- *Starre Kostenstruktur in der Infrastruktur:* Ein hoher Anteil der IT-Kosten wird durch die Personalkosten und hohen IT-Abschreibungen verursacht. Durch diesen fixen Kostenblock bleibt dem CIO nur wenig Raum für strategische Investitionen, wie sie in der Einleitung in Abschnitt 1 beschrieben wurden.
- *Hoher Kostendruck führt zu »Bestandsschutz«:* Der hohe Kostendruck in einem durch einen starken Wettbewerb gekennzeichneten Markt wirkt sich zwangsläufig auch auf die IT-Kosten aus. Ersatzinvestitionen in der IT werden daher zum Teil zu spät geplant und getätigt. Die Rolle der IT ist es eher, Bestandsschutz »mit Bordmitteln« (auch über Technologiezyklen hinweg) zu betreiben, als den Lebenszyklus der IT-Systeme aktiv zu managen. Dies führt zum Einsatz von zum Teil veralteten Technologien, wodurch sich der Kostendruck weiter erhöhen kann.
- *Intransparentes IT-Serviceportfolio und gewachsene IT-Prozesslandschaft:* Für die Anwender der IT-Systeme ist das Angebot an IT-Services in einem durch Zukäufe geprägten Umfeld undurchsichtig. Oftmals gibt es IT-Anwendungen mit sehr ähnlichen Funktio-

nalitäten zur Unterstützung bestimmter Geschäftsprozesse. Diese Intransparenz auf Anwenderseite wird dadurch verstärkt, dass sowohl das Business als auch die IT ständigen Veränderungen unterliegt und eine Momentaufnahme der IT-Services und IT-Prozesse eine zeitlich stark befristete Gültigkeit haben kann. Der Zustand erschwert es den Anwendern, auf Basis der vorhandenen IT-Services zu agieren.

Die IT-Anwendungsentwicklung wurde bereits vor Jahren konzernintern gebündelt, und Teile des IT-Betriebes wurden an einen externen Dienstleister ausgelagert.

3.2 Problemstellung für das Management

Die gerade beschriebene Ausgangssituation macht deutlich, dass für das IT-Management ein großer Bedarf besteht, die IT-Landschaft zu verändern und systematisch zu optimieren. Bei allen Veränderungen darf aber der laufende IT-Betrieb nicht beeinträchtigt werden. Ziel der Veränderungen sollte es sein, einen Paradigmenwechsel in der IT herbeizuführen, der die IT aus Sicht der Fachseiten nicht länger als Haufen von Technikern darstellt, sondern als eine kunden- und serviceorientierte Einheit, welche die Sprache ihrer Kunden spricht und das Geschäft mit seinen fachlichen Anforderungen und insbesondere den Anforderungen der Kunden versteht. Dieser Paradigmenwechsel beinhaltet die Fähigkeit der IT,

- die an die IT gestellten Erwartungen und Kundenanforderungen zeitnah umzusetzen,
- dabei die Qualität der erbrachten IT-Leistungen zu verbessern,
- proaktiv neue IT-gestützte Lösungen und Produkte anzubieten (business enabler)
- und gleichzeitig dem starken Wettbewerb im Markt und den damit einhergehenden stagnierenden oder gar sinkenden IT-Budgets Rechnung zu tragen.

Hinzu kommt der Wunsch, die Effizienz zu steigern und die Inhomogenität beim IT-Betrieb (Teile wurden bereits ausgelagert, andere Teile nicht) zu beseitigen. Zur Erzielung der genannten Punkte ist aus Autorensicht eine Reduktion der Fertigungstiefe der IT, also Verringerung der selbst erbrachten Anteile und ein damit verbundenes Outsourcing, notwendig, das für das Business aber keinerlei Risiken aufweisen darf. Darüber hinaus muss ein *bestellbares IT-Serviceportfolio* angeboten und bedient werden, das von der Fachseite nachgefragt wird.

3.3 Lösungskonzept (Steuerungsmodell)

Wir möchten an dieser Stelle nur auf den Teil der Lösung eingehen, der mit der Reduktion der Fertigungstiefe im IT-Betrieb verbunden ist. Die Fähigkeit, die an die IT gestellten Erwartungen und Kundenanforderungen zeitnah umzusetzen, die heterogene IT-Landschaft zu konsolidieren und proaktiv neue IT-gestützte Lösungen und Produkte anzubieten, ist primär Gegenstand des IT-Projektmanagements mit seinen jeweiligen Vorgehensmodellen, der IT-Architektur bzw. der IT-Strategieentwicklung und des Produktmanagements.

Die Ziele im hier beschriebenen Praxisbeispiel überlappen sich teilweise mit häufig genannten Zielen für Outsourcing, gehen aber an einigen Stellen deutlich darüber hinaus. Die mit dem Outsourcing verbundenen Zielsetzungen waren:

- Kostensenkungen und insbesondere Kostenflexibilisierungen, wobei der zweite Aspekt bei IT-Budgets, die in Prozentsätzen von Umsatz ausgewiesen werden, fast noch wichtiger ist als der erste Aspekt,
- Erhöhung des Innovationsgrades, also beispielsweise die Ausstattung der PC-Arbeitsplätze mit neuen und schnelleren sowie ergonomisch besseren Rechnern bzw. schnelleren und leichteren Laptops, die Installation von leistungsfähigeren und damit kostengünstigeren Servern, einer besseren Netzanbindung etc.,
- Zentralisierung von Anwendungen, also insbesondere die Auflösung von dezentralen

Rechenzentren und eine Bündelung der technischen Ressourcen, aber auch des Knowhows an einem Ort,

- Erhöhung der Servicequalität, also insbesondere eine Messung der Qualität der erbrachten IT-Leistungen und die Einhaltung des Leistungsversprechens durch Einführung von Service Level Agreements und möglichen Strafen bei Nichteinhaltung der verabredeten IT-Leistungen,
- Standardisierung eines Serviceportfolios, also insbesondere die Bereitstellung eines Baukastens, bestehend aus Servicezeiten und damit verbundenen Wiederanlaufzeiten im Störungsfall, aber auch die Standardisierung von Netz- und Serverleistungen,
- Konzentration auf Kernfähigkeiten und Ausrichtung auf Kunden- und Business-Bedürfnisse.

Zur Zielerreichung bedarf es außerdem des Aufbaus einer verbleibenden Steuerungsorganisation zur Steuerung des Dienstleisters. Insbesondere der Aufbau dieser Organisation ist eine oft unterschätzte Tätigkeit (vgl. auch [Olufs 2005]), die im Wesentlichen den Umbau der Organisation von einer technologieorientierten zu einer serviceorientierten Funktion bedingt. Diese Organisation soll dabei mindestens folgende Merkmale aufweisen:

- Die Fähigkeit, den Dienstleister zu steuern, und, falls IT-Leistungen nicht wie gewünscht erbracht werden, auch die Fähigkeit, Eskalationsmechanismen benutzen zu können.
- Die starke Ausrichtung aller Tätigkeiten auf Fachseiten und Kunden, ohne dabei eine hohe Technikaffinität aufzuweisen (service oriented), die Steuerungsorganisation soll also eine kunden- und serviceorientierte Einheit darstellen, die die Sprache ihrer Kunden spricht.
- Die enge Verzahnung mit IT-Projekten (project embedded). Die Steuerungsorganisation soll also nicht isoliert von Veränderungen an IT-Anwendungen agieren, sondern fester integrierter Bestandteil von IT-Projekten sein und somit alle Aktivitäten sowohl auf der Projektseite als auch auf der Infrastrukturseite in die gleiche Richtung führen.
- Die Fähigkeit, IT-Infrastruktur-Projekte zu initiieren und zu steuern (infrastructure programme management). Die Steuerungsorganisation soll also nicht ausschließlich auf Anforderung in fachseitig initiierten IT-Projekten agieren, sondern selbstständig Optimierungsmaßnahmen im Infrastrukturbereich einleiten und derartige Projekte steuern.

Die Steuerungsorganisation besteht im hier betrachteten Fallbeispiel im Wesentlichen aus drei Teams:

- einem *Service-Management-Team*, das eine fachliche-unternehmerische Gesamtsicht auf die erbrachten Leistungen hat und mit den betroffenen Fachseiten kommuniziert,
- einem *Service-Delivery-Team*, das die vom Dienstleister erbrachten Einzelleistungen prüft und die Leistungen aus der Sicht des Dienstleisters (IT-Outsourcing-Vertragssicht) betrachtet, sowie
- einem *Service-Financial-Team*, das im Wesentlichen die Controlling-Funktion ausübt und für die (für die spätere Leistungsverrechnung notwendige) Budgettransparenz sorgt.

Die Qualifikation der Beschäftigten in der Steuerungsorganisation sollte durch eine stark kaufmännische Vorbildung geprägt sein, gepaart mit einem gewissen Maß an technischem Verständnis sowie einem erhöhten Maß an Kenntnissen über die Geschäftsprozesse des Kerngeschäftes. Einzelne Beschäftigte sollten über Spezialkenntnisse verfügen (zu Details vgl. [Olufs 2005]).

An Gremien wurden etabliert:

- das *Outsourcing-Board*, das die grundsätzliche Vertragserfüllung überprüft und mit Vertretern des Topmanagements beider Vertragsparteien besetzt ist, sowie

- das *Service-Review-Board*, das den Erfüllungsgrad einzelner Leistungen im Detail überwacht und mit Vertretern des mittleren Managements sowie operativen Organen beider Vertragsparteien besetzt ist.

An IT-Controlling-Systemen konnte für den Bereich der Arbeitsplatzsysteme (Desktop) ein dezentrales Controlling und für den Bereich der Applikationen und der Netze ein zentrales Controlling eingeführt werden. Das IT-Controlling generiert Berichte sowohl auf Kostenstellenbasis als auch auf Service-Level-Basis. Von besonderer Bedeutung ist neben den Berichten zur technischen Erfüllung der Service Levels (wie beispielsweise Verfügbarkeit der Server, der Netze etc.) der sogenannte *User-Perception-Report*, der den Grad der Zufriedenheit der IT-Nutzer beschreibt und damit eine weitere Komponente zur Qualitätsüberwachung darstellt.

3.4 Umsetzung (Projektverlauf)

Folgende Phasen sind in Outsourcing-Projekten relevant:

- Vorphase und Planung
- Verhandlungen
- Transition und Change of Control
- Migration

Vorphase: In der Vorphase bereitet sich der Outsourcing-Nachfrager auf das IT-Outsourcing vor. Der Nachfrager legt die strategische Ausrichtung fest und bestimmt, welche Teile der Organisation von einem Outsourcing betroffen sein könnten sowie welche Leistungen von einem IT-Dienstleister nachgefragt werden würden. Eine (unter strengster Vertraulichkeit durchzuführende) rudimentäre Datenerhebung und die Erstellung eines Business Case sind wichtige Eckpunkte der Vorphase. Genauso wichtig ist die Festlegung der Ziele des Outsourcings, wie beispielsweise Art und Umfang der Standardisierung von Services, die Verbesserung vorhandener Services, mögliche Kostensenkungen etc. Eine erste Kontaktaufnahme mit potenziellen IT-Dienstleistern schließt die Vorphase ab.

Verhandlungen: Der Outsourcing-Nachfrager und die potenziellen IT-Dienstleister führen Verhandlungsgespräche zu allen Aspekten des IT-Outsourcings, insbesondere erörtern sie, welche IT-Leistungen bezogen werden sollen und welche Rechte und Pflichten der IT- Dienstleiter hat. Regelungsbedarf besteht auch bei dem möglichen Übergang von Betriebsmitteln, dem Übertragung von relevanten Verträgen und insbesondere dem Transfer von Beschäftigten des Outsourcing-Nachfragers hin zum IT-Dienstleister (möglicher Betriebsübergang nach § 613a BGB). Die Verhandlungsphase schließt mit der Auswahl eines IT-Dienstleisters und der kaufmännischen Vertragsschließung ab.

Transition and Change of Control: An einem zuvor gewählten Stichtag geht sowohl die Verantwortung für die Erbringung von IT-Leistungen als auch die im Vertrag gekennzeichneten Betriebsmittel, die Verträge und die Beschäftigten an den IT-Dienstleister über. In der Transitionsphase wird von beiden Parteien sichergestellt, dass der Übergang zum Dienstleister funktioniert und alle IT-Leistungen auch tatsächlich bezogen werden können. Zur Sicherstellung können Interimsprozesse eingeführt werden, die so lange Gültigkeit haben, bis ein stabiler Zustand erreicht ist.

Migration: Nach Abschluss der Transitionsphase erfolgt die Überführung in den vertraglich vereinbarten Zielzustand. Insbesondere werden standardisierte IT-Leistungen des Portfolios des IT-Dienstleisters und Standardprozesse eingeführt. Für den Outsourcing-Nachfrager erfolgt parallel dazu der Aufbau der Steuerungsorganisation, die den IT-Dienstleister steuert und das Nachfragemanagement betreibt.

Die bei der Umsetzung auftretenden möglichen Risiken wurden phasenbezogen behandelt und in unterschiedliche Risikoklassen eingeteilt. So ist beispielsweise das größte Risiko in der Vorphase, dass der Outsourcing-Anbieter ein Produktportfolio anbietet, das der Outsourcing-Nachfrager einkauft, ohne dass Letzterer sich wirklich Gedanken darüber gemacht hat, was er tatsächlich braucht. Wichtig ist auch die Beantwortung der Frage, welches Qualitätsniveau man eigentlich haben möchte und welches man sich leisten kann, ein Findungsprozess, der während des Outsourcings erstmalig stattfindet.

In der Change-of-Control-Phase sehen wir das höchste Risiko darin, dass ein Know-how-Transfer hin zum Dienstleister nicht erfolgt und die Gefahr besteht, dass der Dienstleister nicht erfolgreich sein kann, da er in der Regel nicht alle Details des Geschäftes seiner Kunden verstanden hat.

Bei der Umsetzung ist aus Autorensicht die ausreichende und rechtzeitige Kommunikation zu allen Beteiligten sowie das Bewusstsein von Bedeutung, dass die definierte Zielleistung nicht durch die Unterschrift unter einen Vertrag erzielt wird, sondern dadurch, dass eine Migration in den Zielzustand beschrieben und umgesetzt wird. Der Umsetzung kann beispielsweise dadurch Nachdruck verliehen werden, dass sie Bestandteil des Outsourcing-Vertrages wird.

4 Ausblick

Wir haben durchgängig beschrieben, dass der Kostenaspekt eine wichtige Rolle für die Outsourcing-Entscheidung ist. Wie das Fallbeispiel zeigt, sind aber auch der Innovationsgrad, die Erhöhung der Servicequalität zusammen mit einer Standardisierung des Serviceportfolios und die immer wieder genannte Konzentration auf Kernfähigkeiten und Ausrichtung auf Kunden- und Business-Bedürfnisse wichtige Ziele in der Praxis. Nach Abschluss der Transitionsphase ist es aber auch wichtig, die Nutzenpotenziale in entsprechenden Migrationsprojekten zu heben, da der Nutzen des Outsourcings in der Regel nur dann voll erreicht werden kann, wenn die Migrationsprojekte erfolgreich abgeschlossen werden. Daher ist es notwendig, bei allen Beteiligten ein Bewusstsein zu schaffen, dass nach dem Change of Control, also nach dem rechtlichen Übergang der Beschäftigten, der Betriebsmittel und der Verantwortung für die Erbringung von IT-Leistungen auf den IT-Dienstleister, das Outsourcing-Projekt keinesfalls beendet ist.

Erste Verbesserungen gegenüber dem vorherigen Zustand, in dem nur immer so viel (qualitativ und quantitativ) geleistet wurde, wie Ressourcen vorhanden waren, konnten realisiert werden. Darüber hinaus konnte eine Transparenz hinsichtlich der Hardware (Alter, Technologien) und Software (Anzahl und Version der Lizenzen) sowie der eingesetzten Ressourcen erzielt werden, die vorher in dieser Qualität nicht gegeben war. Außerdem konnte durch Investitionen des Dienstleisters in neue Technologien ein wirklicher Qualitätssprung erreicht werden.

Im genannten Fallbeispiel wurden darüber hinaus durch das Outsourcing-Projekt bereits jetzt weitere Optimierungspotenziale identifiziert. Die Potenziale liegen in einer weiteren Standardisierung von Prozessen, aber insbesondere in der Fortschreibung der Standardisierung der Applikationen. Eine solche Standardisierung sollte aber nicht als Bestandteil des Outsourcing-Projektes umgesetzt werden, sondern im Rahmen von Optimierungsmaßnahmen zusammen mit den jeweiligen Fachseiten erfolgen.

5 Literatur

[Albayrak & Gadatsch 2006] Albayrak, C. A.; Gadatsch, A.: Multi-Merger-Szenarien als Herausforderung für das IT-Controlling – Checklisten zur IT-Integration. In: Controller Magazin, Heft 1, 2006, S. 59-66.

[Amberg et al. 2005] Amberg, M.; Herold, G.; Kodes, R.; Kraus, R.; Wiener, M.: IT-Offshoring – A cost oriented Analysis. In: Competence Report 01/2005, *www.competence-site.de*; Zugriff am 31.01.2005.

[Cramer-Schliefke 2004] Cramer-Schliefke, P.: Chancen und Barrieren des Offshorings, 18.09.2004, Offshoring-Konferenz, Wiesbaden, *www.hessen-*

it.de/mm/offshoring_cramer_schiefke.pdf; Zugriff am 15.09.2005.

[Dressler 2005] Dressler, S.: Offshoring of Controlling Services. In: Controller Magazin, Heft 1, 2005, S. 92.

[Endres 2004] Endres, A.: Sind Outsourcing und Offshoring die neuen Heilmittel bei Informatik-Problemen? In: Informatik Spektrum, Band 27, Heft 6, 2004, S. 546-549.

[Lixenfeld 2006] Lixenfeld, C.: Komplexe Technik managen – Fehlerhafte Teile verfolgen. In: CIO Special II, 2006, S. 6-10.

[Meta Group Deutschland 2004] Meta Group Deutschland: Sourcing: Nearshore und Offshore Services im Brennpunkt. Arbeitsbericht, Bad Homburg, 2004.

[Niebuer & Funke 2006] Niebuer, A.; Funke, P.: Geteilte Last, doppeltes Glück? In: Computerwoche, Heft 6, 2006, S. 33.

[Oehler 2005] Oehler, K.: Business Process Outsourcing: Betriebswirtschaftlicher Rahmen und Prozessauswahl. In: Controlling-Berater, Heft 3, 2005, S. 365-400.

[Olufs 2005] Olufs, D.: Change Management im IT-Outsourcing – Erfahrungsbericht eines Outsourcing-Nachfragers. In: HMD – Praxis der Wirtschaftsinformatik, Heft 245, Oktober 2005, S. 66 -75.

[Olufs & Albayrak 2004] Olufs, D.; Albayrak, C. A.: Innovatives IT-Controlling im Konzernverbund. In: Horváth, P. (Hrsg.): Die Strategieumsetzung erfolgreich steuern. Stuttgart, 2004, S. 107-123.

[Reinking & Bereszweski 2004] Reinking, J.; Bereszweski, M.: Outsourcing: Offshore bleibt die Ausnahme. In: Informationweek, Heft 13/14, 09.09.2004, S. 4-16.

[Riedl 2003] Riedl, R.: Begriffliche Grundlagen des Business Process Outsourcing. In: Information Management & Consulting, 18. Jg., Heft 3, 2003, S. 6-10.

[Vogel 2005] Vogel, M.: Offshore Outsourcing. Einmal Indien und zurück. In: CIO-Magazin, Heft 02, 2005, S. 12-18.

[Zarnekow & Brenner 2003] Zarnekow, R.; Brenner, W.: Auf dem Weg zu einem produkt- und dienstleistungsorientierten IT-Management. In: HMD – Praxis der Wirtschaftsinformatik, Heft 232, August 2003, S. 7-16.

Prof. Dr. Can Adam Albayrak
Hochschule Harz
Friedrichstr. 57-59
38855 Wernigerode
calbayrak@hs-harz.de
http://calbayrak.hs-harz.de

Prof. Dr. Andreas Gadatsch
Fachhochschule Bonn-Rhein-Sieg
Grantham-Allee 20
53757 Sankt Augustin
Andreas.Gadatsch@fh-bonn-rhein-sieg.de
www.wis.fh-brs.de/gadatsch

Dr. Dirk Olufs
DHL Express Deutschland
Charles-de-Gaulle-Str. 20
53113 Bonn
dirk.olufs@dhl.com
www.dhl.de

Falk Uebernickel, Jochen Scheeg, Walter Brenner

Produkt- und serviceorientiertes IT-Controlling am Fallbeispiel T-Systems ActiveBilling

Die zunehmende Bedeutung der IT-Produktorientierung und voranschreitende Übertragung industrieller Produktionskonzepte auf die IT hat eine Neuausrichtung des Controllings und speziell der Kosten- und Erlösrechnung notwendig gemacht. Stand bisher das Projektcontrolling bei vielen Unternehmen im Vordergrund, so hat die konsequente Markt- und Kundenorientierung einen Wandel in Richtung IT-Produktcontrolling bewirkt. Diesem Umschwung müssen Controlling-Systeme gerecht werden und neu entstehende Kostenstrukturen abbilden. Der Beitrag beschäftigt sich mit der Konstruktion einer produkt- und kundenorientierten Kostenrechnung für IT-Dienstleister. Am Praxisbeispiel der T-Systems ActiveBilling GmbH & Co. KG wird anschaulich dargestellt, wie einzelne Kontierungsobjekte zu einem funktionsfähigen Werteflussmodell kombiniert werden.

Inhaltsübersicht

1 Ausgangslage und Herausforderungen

Kostenkontrolle und Kostentransparenz von IT-Dienstleistern stehen derzeit zusammen mit Themen wie Prozessoptimierung, Outsourcing und Industrialisierungsthemen ganz oben auf der Agenda von CIOs und IT-Bereichsleitern. Ausgelöst durch gekürzte IT-Budgets und die wachsende Nachfrage nach Kosten- und Leistungstransparenz seitens der Fachabteilungen müssen IT-Dienstleister verstärkt kundenverständliche Dienstleistungsportfolios mit kommunizierbaren Kosten und Preisen aufbauen. Doch diese »Produktdenkweise« erfordert eine neue Dimension von Steuerungsinstrumenten, die alle Produktionsressourcen erfassen. Kosteninformationen dürfen sich nicht getrennt auf Entwicklungs- und Betriebsprozesse beschränken, sondern müssen den gesamten Entwicklungs-, Liefer- und Produktionsprozess für IT-Produkte umfassen und zu einer End-to-End-Betrachtung zusammenführen.

Dennoch kann vielfach in der Praxis beobachtet werden, dass IT-Dienstleister immer noch als Blackbox wahrgenommen werden, die signifikante Kosten ohne direkt erkennbaren Nutzen für die Bezieher dieser Leistungen verursachen. So erhalten Fachabteilungen nicht selten innerbetriebliche Abrechnungen der IT-Abteilung, in der unaufgeschlüsselt IT-Kosten zusammenaddiert sind. Fachabteilungsleiter sind mit dieser Art von Informationen zusehends überfordert. Die Aufschlüsselung der Kosten nach CPU-Sekunden, Megabyte oder Kilobit liefert der Fachabteilung keine Informationen darüber, wie diese ihre IT-Kosten beeinflussen kann.

Um sowohl dienstleisterintern als auch -extern relevante und aussagekräftige Steuerungs- und Einkaufsinformationen erzeugen zu können, müssen die notwendigen Voraussetzungen dafür geschaffen werden. Dazu gehört die Einführung von produktorientierten Absatzkatalogen sowie der Aufbau einer Betriebsdatenerfassung, wie sie schon lange in Industriebetrieben zu finden ist. Erst auf dieser Basis kann eine fundierte und leistungsfähige Kostenrechnung aufgebaut werden.

2 Produktorientiertes IT-Controlling

2.1 Fertigungs- und Absatzsicht von IT-Dienstleistern

Die Kunden- und Produktorientierung erfordert ein Umdenken bei dem Angebot von IT-Dienstleistungen gegenüber Kunden der IT (Fachabteilung). Anstatt wie bisher Entwicklungsprojekte als Produkte zu definieren, fokussieren sich immer mehr IT-Dienstleister auf das Angebot von geschäftsprozessunterstützenden IT-Produkten und Dienstleistungen [Uebernickel et al. 2006]. Im Gegensatz zur klassischen Softwareentwicklung und Einführung beinhalten diese Produkttypen auch den Betrieb, die Wartung sowie eine permanente Bereitstellung [Bertleff 2001; Office of Government 2002]. Abbildung 1 stellt diese Leistungsbeziehung schematisch dar. Wie bereits 1992 von Leonhard von Dobschütz beschrieben, formuliert der IT-Produktnachfrager ein Portfolio an benötigten IT-Produkten zur Unterstützung seiner Geschäftsprozesse [von Dobschütz 1992; Britzelmaier 1999]. Diese Portfoliodefinition konzentriert sich ausschließlich auf die Spezifikation von funktionalen und qualitativen Anforderungen, die Art der Leistungserbringung ist für den Kunden irrelevant. Auf der anderen Seite formuliert der IT-Dienstleister sein kundenorientiertes Angebotsportfolio, aus dem mögliche Interessenten IT-Produkte auswählen und bestellen können. Die Zweiteilung in ein Nachfrage- und ein Angebotsportfolio lässt somit die getrennte Betrachtung der Bereitstellungs- und Verwen-

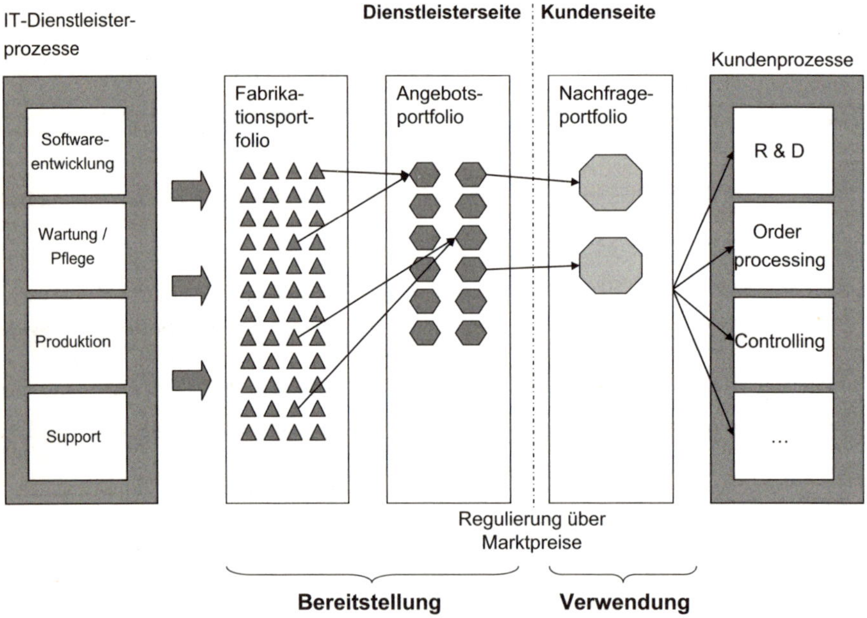

Abb. 1: Fertigungs- und Absatzsicht des IT-Dienstleisters (in Anlehnung an [von Dobschütz 1992])

dungswirtschaftlichkeit zu. Während der Kunde selbst die Verwendung der bestellten IT-Produkte kontrollieren und steuern muss, ist der IT-Dienstleister für die effiziente und effektive Bereitstellung verantwortlich.

Steigende Anforderungen an die Flexibilisierung des Angebotsportfolios bei gleichzeitig wachsendem Kostendruck auf IT-Dienstleister führen zu einem Zielkonflikt, der eine weitere Zerlegung des Dienstleisterportfolios in ein Angebots- und Fabrikationsportfolio erforderlich macht (auch Absatz- und Fertigungssicht). Durch die Kombination von standardisierten Fertigungskomponenten wird der IT-Dienstleister befähigt, sein Angebotsportfolio dem Markt schnell und flexibel anzupassen. Somit ist dieser in der Lage, sowohl eine standardisierte und kosteneffiziente Produktion aufzubauen als auch gleichzeitig ein hohes Maß an individuellen IT-Produkten zu offerieren.

2.2 System der produktorientierten IT-Kostenrechnung

Wissenschaft und Praxis haben gleichermaßen erkannt, dass die neu entstandenen Anforderungen, die sich aus der Produktorientierung ergeben, durch neue Kostenrechnungssysteme Unterstützung finden müssen [Zarnekow et al. 2006]. Der vorgeschlagene Aufbau adaptiert Elemente klassischer Kostenrechnungsverfahren sowie der Prozesskostenrechnung und des Activity-based Costing [Cooper & Kaplan 1992; Horváth 2003] (siehe Abb. 2).

Ausgehend von den Produktionsfaktoren der IT (Ressourcen) werden die verursachten Kosten auf Leistungszentren und Unternehmensprozesse des IT-Dienstleisters weiterverrechnet. Prozesse ergeben sich aus einer Bündelung von Aktivitäten, die zur Erbringung eines festgelegten Outputs notwendig sind. Zu unterscheiden sind dabei einerseits Prozesse, die den operativen Arbeitsablauf beschreiben, und andererseits unterstützende Prozesse. Erstere werden auf technischer Ebene beispielsweise durch Web-Services und BPEL-Dokumente (Business Process Execution Language) repräsentiert. Unterstützungsprozesse hingegen stellen Tätigkeiten dar, die zur Aufrechterhaltung oder Unterstützung der Produktion notwendig sind. Erst in der letzten Stufe werden die auf den Prozessen gesammelten Kosten auf Vorleistungen und Servicebündel weiterverrechnet. Das Bindeglied zwischen Ressourcen und Aktivitäten sind die Ressourcentreiber, während die Verrechnung zwischen Aktivitäten und Leistungen durch Kostentreiber (Aktivitätentreiber) abgebildet wird. Im Überblick ist das Kostenrechnungs- und Kalkulationsschema in Abbildung 2 dargestellt.

Produktionsfaktoren der IT (Ressourcen)

In der klassischen Betriebswirtschaftslehre werden unter dem Begriff »Produktionsfaktoren« Betriebsmittel (Potenzialfaktoren) und Werkstoffe (Repetierfaktoren) sowie die menschliche Arbeit zusammengefasst [Thommen 1999]. Während bisher als Betriebsmittel überwiegend Hardware in Form von Netzwerken, Servern, Festplatten etc. in der IT gesehen wurde, ändert sich die Betrachtungsweise in einer produktorientierten Welt insofern, als Anwendungen als ein Teil der Produktionsmaschinerie zu den Potenzialfaktoren hinzutreten (siehe [Office of Government 2002; Neumann et al. 2004]).

Software übernimmt somit den gleichen Produktionscharakter wie Hardware, indem sie direkt an der Leistungserbringung mitwirkt. Als Teil der Maschinerie legen Anwendungsprogramme den Arbeitsablauf zur Fertigung eines festgelegten Outputs fest, ähnlich wie dies in der industriellen Fertigung durch Arbeitspläne oder NC-Fräsprogramme geschieht. Zu den Werkstoffen – die im Gegensatz zu den Betriebsmitteln in das Produkt eingehen und verbraucht werden – zählen Informationen, die zur Produktion eines IT-Produktes benötigt werden [Thommen 1999].

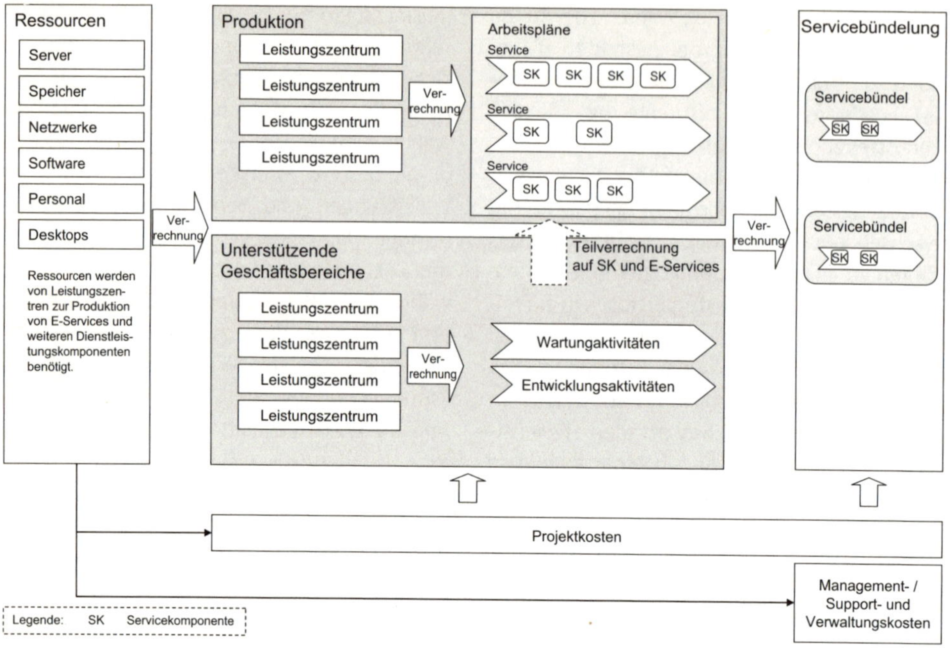

Abb. 2: Grundschema einer produktorientierten IT-Kostenrechnung

Aktivitäten / Leistungszentren des IT-Dienstleisters

Leistungszentren fassen Tätigkeiten und Kompetenzen entsprechend der Output-Orientierung von IT-Dienstleistern zu Bereichen zusammen. Die Bildung der Leistungszentren sollte berücksichtigen, dass möglichst nur eine Leistungsart abgegeben wird. Dies ist vor allem deshalb wichtig, um die Planbarkeit sicherzustellen. So ist die regelmäßige Kostenplanung für Leistungsarten erschwert, wenn ein Leistungszentrum mehrere gleichzeitig abgibt. Des Weiteren sollten Leistungsarten einen linearen Zusammenhang zwischen Leistungszentrumskosten und abgegebener Leistungsartenmenge widerspiegeln, sofern die wirkliche Kostenentstehungsfunktion nicht bekannt ist.

Aufgrund der Vielzahl an unterschiedlichen Leistungszentrumsarten und deren Leistungsverflechtungen untereinander ist oftmals eine Klassifizierung notwendig. Abbildung 2 unterscheidet die zwei Hauptklassen Produktionsleistungszentren und Leistungszentren von der Geschäftsunterstützung. Produktionsleistungszentren bilden alle Tätigkeiten zur Produktion von IT-Produkten ab. Beispiele hierfür sind Mainframe-Leistungszentrum, Personalleistungszentrum, Incident-Management, Datenbanken, Anwendungsarchitektur etc. Vielfach ist in der Praxis zu beobachten, dass Produktionsleistungszentren wiederum in eine Verrechnungshierarchie zueinander gesetzt werden. Beispiele sind etwa, dass sich Server- und Netzwerkleistungszentren auf Anwendungssoftware-Leistungszentren verrechnen. Anwendungssoftware-Leistungszentren verrechnen ihre Kosten demgegenüber auf IT-Produkte. Leistungszentren zur Geschäftsunterstützung hingegen fassen sämtliche Aktivitäten der Produktionsunterstützung zusammen, die in die Herstellkosten der IT-Produkte einfließen. Die Kosten der unterstützenden Leistungszentren werden entweder den Produktionsleistungszentren oder den IT-Produkten zugewiesen.

Projekte werden separat auf speziellen Projektkostenstellen geführt und verrechnen sich je nach Kostenzurechnungsbeziehung entweder auf Leistungszentren oder direkt auf IT-Produkte. Demgegenüber stehen die Management-, Support- und Verwaltungskosten, die aufgrund ihrer fehlenden Kostenbeziehung zu einzelnen IT-Produktkomponenten direkt auf Servicebündel verrechnet werden oder als eigenständiger Kostenblock in der Ergebnisrechnung ausgewiesen werden können.

Ressourcen- und Kostentreiber

Ressourcen- und Kostentreiber sind die Bindeglieder zwischen Ressourcen und Aktivitäten sowie Aktivitäten und den Servicebündeln. Ressourcentreiber bilden den Kostenfluss von Ressourcenkosten auf Leistungszentren ab. Stellt beispielsweise das Leistungszentrum »Endanwendersupport« die Prozesse »Incident-Management« und »Problem-Management« bereit, müssen die verursachten Kosten den einzelnen Prozessen zugeordnet werden, um die Prozesskosten ermitteln zu können. In diesem Fall werden überwiegend Personalkosten anfallen, weswegen sich eine Analyse der aufzuwendenden Personalminuten oder -stunden pro Incident-Prozess und Problem-Managementprozess anbietet. Auf Basis der ermittelten Relationen können anschließend die Leistungszentrumskosten auf die Aktivitäten eines Prozesses verrechnet werden.

Kostentreiber ist die Kostenverrechnungseinheit zwischen Prozessen und den die Prozesskosten verursachenden Outputeinheiten. Dies können zum einen Produktionsleistungszentren sein, die interne Leistungen beziehen. Andererseits können Prozesse direkt durch IT-Produkte wie Wareneingangsunterstützung, Kreditrisikoprüfung oder Lieferantenauswahl ausgelöst werden. Wichtig ist dabei der proportionale Zusammenhang zwischen der abgegebenen Menge und den verursachten Prozesskosten.

Die Bestimmung von Kostentreibern ist in der Praxis nicht einfach. Vielfach werden als Kostentreiber hardwarenahe Größen wie CPU-Sekunden und Gigabyte verwendet [Gerlinger et al. 2000]. Gerade aber Kostentreiber wie CPU-Sekunden sind in der praktischen Anwendung nicht ohne Probleme. Ein Grund ist darin zu sehen, dass für jedes IT-Produkt, das Rechenkapazität in Anspruch nimmt, eine Verbrauchsmessung oder -schätzung erfolgen muss. Oftmals ist diese allerdings abhängig von der darunter verwendeten Hardware- und Softwareinfrastruktur, weshalb bei Änderungen Nachmessungen erfolgen müssen.

2.3 Einflussfaktoren der Ausgestaltung

Das in Abschnitt 2.2 kurz beschriebene Kostenrechnungsmodell stellt ein Grundmodell dar, das der Adaption bedarf. Für die Adaption müssen jene Umweltfaktoren Berücksichtigung finden, die Einfluss auf die konkrete Ausgestaltung haben. In der Wissenschaft gibt es bereits zu diesem Themengebiet einige Ausarbeitungen, die wichtige Kontextfaktoren beschreiben (vgl. beispielsweise [Brink 1992]). Abbildung 3 zeigt vier der wichtigsten Einflussfaktoren im Kontext der produktorientierten IT-Kostenrechnung.

Marktsituation

Die Marktsituation des IT-Dienstleisters nimmt direkten Einfluss auf die Ausgestaltung der Kosten- und Leistungsrechnung. Während rein konzern- oder unternehmensintern ausgerichtete IT-Abteilungen eine funktionierende und transparente Leistungsverrechnung aufbauen müssen, liegt der Fokus externer Dienstleister auf dem Aufbau einer vollständigen Ergebnisrechnung. Auch die Anzahl der Wettbewerber in einem Marktsegment bestimmt die Steuerungsgenauigkeit sowie -geschwindigkeit.

Erzeugnistyp und Leistungsprogramm

Der Ausgestaltungsparameter Erzeugnistyp/Leistungsprogramm legt über die Größen »Umfang des Angebotsportfolios«, »Standardisierungs- und Automatisierungsgrad« sowie »Art der angebotenen IT-Dienstleistungen« fest, auf

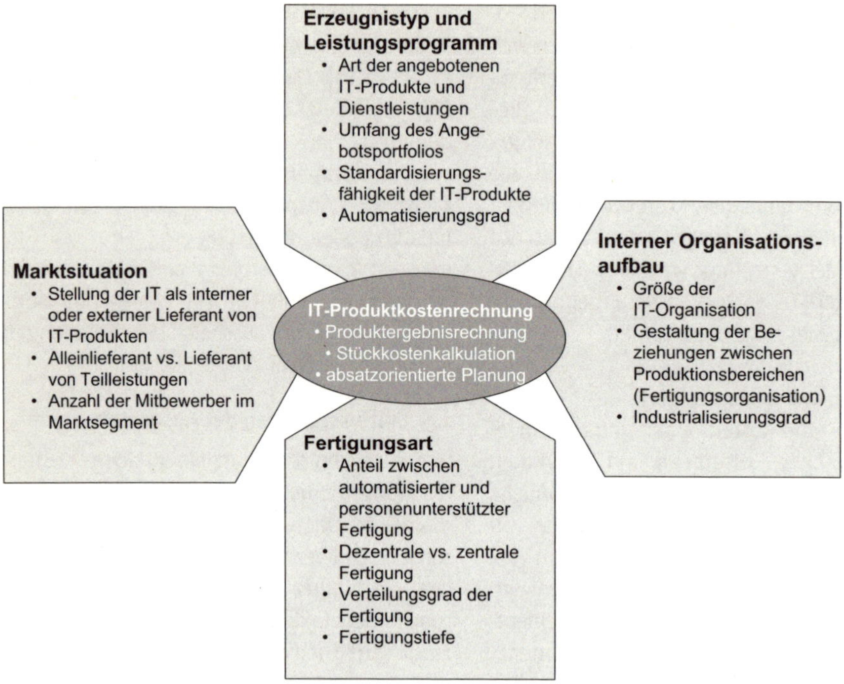

Abb. 3: Einflussfaktoren der Ausgestaltung einer produktorientierten Kostenrechnung

welche Art das Kostenrechnungsrahmenwerk anzupassen ist. Während Dienstleister mit einem hoch standardisierten Portfolio klassische Verrechnungsverfahren und Konzepte zur Betriebsdatenerfassung verwenden können, müssen Dienstleister mit einer kundenindividuellen Fertigung Einzelkalkulationen durchführen.

Interner Organisationsaufbau

Ein weiterer Einflussfaktor ist der interne Organisationsaufbau. So ist die Ausgestaltung der Kostenrechnung bei kleinen IT-Abteilungen divergent zu der großer IT-Dienstleister. Meist nimmt mit der Unternehmensgröße auch die Komplexität der Leistungsverflechtungen und des Fabrikationsportfolios stark zu.

Fertigungsart

Beobachtungen haben gezeigt, dass ein verstärkter Anteil an Dienstleistern immer mehr vollständige Geschäftsprozesse des Kunden übernimmt und betreibt (auch als BPO (Business-Process-Outsourcing) bekannt). In Abhängigkeit vom Grad der Automatisierbarkeit müssen beispielsweise Leistungszentren nach unterschiedlichen Kriterien gegliedert und strukturiert werden.

3 Praxisbeispiel T-Systems ActiveBilling

Dieses Kapitel stellt das Fallbeispiel der T-Systems ActiveBilling GmbH & Co. KG dar. Nach einer kurzen Einführung wird das Werteflussmodell mit allen wesentlichen Elementen vorgestellt. Den Abschluss bildet ein Abschnitt zur Tarifbildung.

3.1 Einführung

Das folgende Praxisbeispiel wurde bei der T-Systems ActiveBilling GmbH & Co. KG aufgenommen (2005 - 2006), die weltweit zu den größten

Anbietern auf dem Gebiet der Rechnungserstellung und Bearbeitung zählt. Das Bearbeitungsvolumen beträgt circa 450 Millionen Rechnungen pro Jahr. Die gesamte Anwendungslandschaft umfasst circa 40 Anwendungssysteme. Das folgende Projekt ist derzeit in der Pilotierungsphase und wird voraussichtlich Anfang 2007 in den operativen Betrieb übergehen. An die Neukonzeption der gesamten Kostenrechnung wurden folgende Ziele geknüpft:

- Erstens sollte eine Gesamtsteuerungslogik erarbeitet werden, sodass insbesondere Rollen und Verantwortungen innerhalb der Gesellschaft präzisiert werden können.
- Zweitens bestand die Anforderung, Kostenanalysen auf den Ebenen der Standard-Serviceelemente (SSE) / Serviceelemente (SE), Fertigungsaufträge sowie Kundenaufträge durchführen zu können.

3.2 Werteflussmodell

Das in Abbildung 4 gezeigte Beziehungsdiagramm stellt in einem Überblick das Werteflussmodell der ActiveBilling dar. Die Hauptkomponenten Ressourcen, Leistungszentren, Standard-Serviceelemente (SSE; IT-Produkte) und Fertigungsaufträge sind entsprechend ihrer Verrechnungsbeziehungen von links nach rechts angeordnet.

Eine Besonderheit der ActiveBilling besteht darin, dass keine Hardwarekostenstellen aufgebaut werden mussten, da sämtliche Infrastrukturkosten von einem T-Systems-internen Dienstleister bezogen und anwendungsspezifisch verrechnet werden.

3.3 Elemente

Ressourcenkostenstellen

Die Ressourcenkostenstellen der ActiveBilling bestehen aus den drei Gruppen: Produktions-, Verwaltungs- und Vertriebskostenstellen. Innerhalb dieser Typen werden Personalkostenstellen, Projektverrechnungskostenstellen und sonstige Gemeinkostenstellen unterschieden. Personalkostenstellen bilden den organisatorischen Aufbau des Unternehmens aus der Sicht

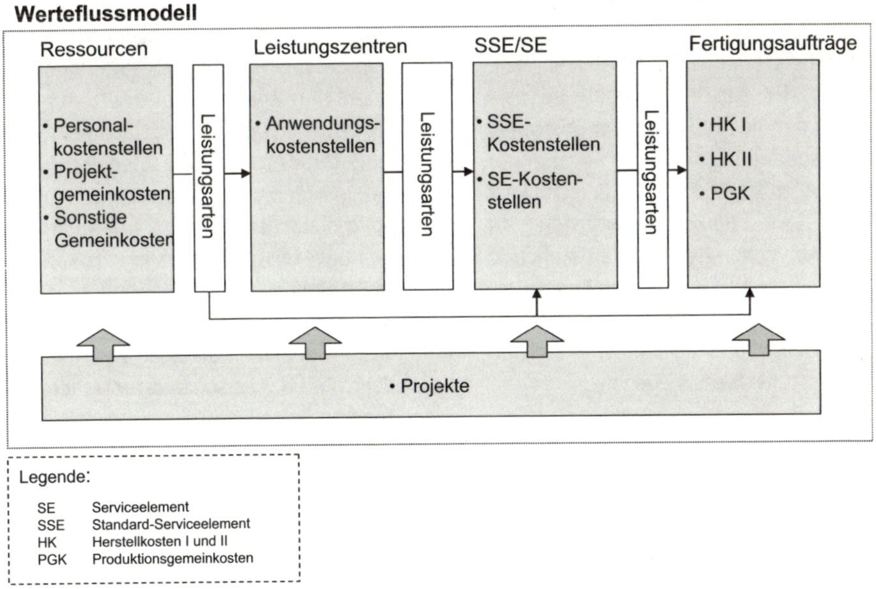

Abb. 4: Werteflussmodell der T-Systems ActiveBilling

der Kostenrechnung ab. Produktionspersonalkosten verrechnen sich auf SSEs und SEs[1]. Sowohl die Vertriebs- als auch Verwaltungsgemeinkosten werden stattdessen vollständig in die Gesamtergebnisrechnung überführt (ist nicht in Abb. 4 enthalten) und stellen keine Herstellkosten der einzelnen IT-Produkte dar.

Nicht direkt mit der Produktion im Zusammenhang stehende Hilfskosten werden in Form von Primärbuchungen aus der Kostenartenrechnung auf Hilfskostenstellen verbucht. Diese verrechnen sich vollständig auf die Kostenstellen der Produktion, des Vertriebs und der Verwaltung. Um die Personalkosten der Produktion entsprechend ihrer Entstehung auf die nachfolgenden Leistungszentren verrechnen zu können, verwendet die ActiveBilling Daten aus einem Arbeitszeiterfassungssystem. In Abhängigkeit von der Zuordnungsfähigkeit können Personalkosten entweder als Einzelkosten den Fertigungsaufträgen direkt oder als Produktionsgemeinkosten den Leistungszentren oder SSEs zugerechnet werden. Über das Zeiterfassungssystem identifizierte Projektpersonalkosten werden separat eingerichteten Projektkostenstellen zugewiesen, die sich ihrerseits wiederum auf die Ressourcen, Leistungszentren, SSEs oder Fertigungsaufträge entlasten können.

Innerhalb der Personalkostenstellen verzichtete man auf die Abbildung von Leistungsverrechnungsbeziehungen. Nur sogenannte Hilfskostenstellen können sich auf Personalkostenstellen als Sekundärkosten entlasten. Am Ende einer Abrechnungsperiode entstehende Kostenstellenüber- oder -unterdeckungen (siehe Abschnitt 3.4) werden direkt in die Ergebnisrechnung überführt und nicht an nachfolgende Verrechnungsstufen weitergegeben.

Leistungszentren

Die Anwendungslandschaft wird durch Leistungszentren bei T-Systems ActiveBilling abgebildet. Der Aufbau gesonderter Hardware- oder Datenbankkostenstellen war nicht notwendig gewesen, da diese Leistungsarten durch einen internen Dienstleister bezogen und direkt auf die Zielleistungszentren gebucht werden (Primärbuchungen). Daneben werden alle direkt zurechenbaren Kostenarten als Primärbuchungen auf den Leistungszentren ausgewiesen, wie beispielsweise Drittleistungen für die Bereitstellung von Kapazitäten oder Porto- und Druckkosten. Anwendungsleistungszentren erhalten zusätzlich Sekundärbuchungen der vorgelagerten Personalkostenstellen und Projektkosten. Verrechnungsgrundlage für Personalkosten sind die im Ist erfassten Mengen und über Plantarife bewerteten Kosten. Die Entlastung der Leistungszentren erfolgt durch eine Kostenumlage auf die SSEs und SEs, das heißt, es werden keine Kostenüber- oder -unterdeckungen im Ist und im Plan ausgewiesen. Der Umlageschlüssel errechnet sich auf Basis der berechneten Belegpositionen innerhalb einer Anwendung.

Fertigungseinheiten

Fertigungseinheiten werden durch jeweils eine (Verrechnungs-)Kostenstelle abgebildet. Einerseits wurden sogenannte SSEs (Standard-Serviceelemente) festgelegt, die einen vorgegebenen Produktionsablauf widerspiegeln und durch eine feste Ausbringungsmenge gekennzeichnet sind (Prozesse). Andererseits wurden SEs (Serviceelemente) gebildet, um auch kundenindividuelle Leistungen abbilden zu können, die einen geringen Standardisierungsgrad aufweisen. SE- und SSE-Verrechnungskostenstellen erhalten zum einen Primärkosten, zum anderen Sekundärkosten der Personalkostenstellen, Anwendungskostenstellen und Projektkostenstellen. Zwischen den Anwendungskostenstellen und Verrechnungskostenstellen der Fertigungseinheiten sind N:M-Beziehungen möglich (siehe Abb. 5).

Analog zu den Personalkostenstellen entlasten sich die SSE-/SE-Kostenstellen über Plan-

1. SSEs und SEs ((Standard-)Serviceelemente) entsprechen IT-Produktkomponenten.

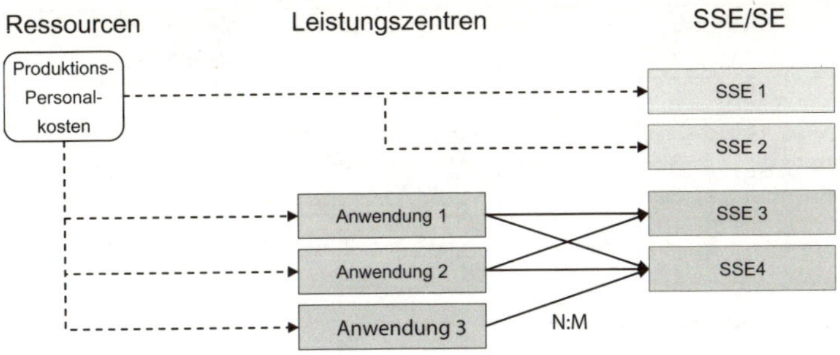

Abb. 5: Verrechnungsbeziehungen zwischen Leistungszentren und Standard-Serviceelementen

tarife. Somit gehen in die Herstellkosten der Produkte etwaige Kostenstellenüber- oder -unterdeckungen nicht mit ein.

Fertigungsaufträge

Ein Fertigungsauftrag stellt die vollständige Produktionssicht eines hergestellten IT-Produkts dar. Wie der Abbildung 4 entnommen werden kann, werden pro Fertigungsauftrag die Herstellkosten I und II sowie die Produktionsgemeinkosten (PGK) ausgewiesen. Die Herstellkosten I (Einzelkosten) weisen alle jene für den Fertigungsauftrag gesammelten Personalkosten aus, die über das Zeiterfassungssystem gesammelt wurden. Die Herstellkosten II (Prozesskosten der SSE und SE) bündeln die geschlüsselten Herstellkosten (unechte Einzelkosten) der Fertigungseinheiten. Zuletzt gehen die Produktionsgemeinkosten in die Fertigungsauftragsrechnung ein. Die Produktionsgemeinkosten pro Fertigungsauftrag – wie beispielsweise die Kosten der Architekturgruppe – bestimmen sich über die Umlage auf Basis der Herstellkosten I und II. Als Ergebnis wird die Brutto-Marge des Fertigungsauftrages ausgewiesen.

3.4 Tarifbildung und Umlagen

Die Tarifermittlung ist in dem geschilderten Kostenrechnungsmodell an zwei Punkten relevant. Zum einen bei der Verrechnung der Personalkosten auf nachfolgende Leistungszentren und SSEs, zum anderen bei der Entlastung von Leistungszentren auf SSEs/SEs.

Die Personalkostenstellentarife sind reine Vollkostentarife auf Planbasis. Zur Tarifermittlung werden die geplanten Kostenarten der Planperiode einer Personalkostenstelle aggregiert. Dividiert durch die geplante Absatzmenge (Arbeitsstunden) ergibt sich der Plantarif. In der Istverrechnung wird dieser Tarif zur Bestimmung der zu verrechnenden Personalkosten angewendet, indem die Istabsatzmenge mit dem Plantarif multipliziert wird. Eventuell entstehende Kostenabweichungen auf der Personalkostenstelle werden in die Gesamtergebnisrechnung überführt.

Wie eingangs beschrieben, bilden Leistungszentren kostenrechnerisch Anwendungen und Produktionsprozesse ab. Um die Anwendungskosten auf SSEs verrechnen zu können, wurde auf einen sogenannten Mehrfach-IV-Schlüssel (MIVS) zurückgegriffen (siehe Tab. 1). Zur Berechnung werden zunächst die Outputeinheiten jeder SSE gemessen (Belegpositionen). Die Kosten eines Leistungszentrums werden dann entsprechend der prozentualen Aufteilung der Outputeinheiten der leistungsabnehmenden SSEs aufgeteilt. Hierdurch entsteht ein Verrechnungsschlüssel, der alle gesammelten Leistungszentrumskosten auf SSEs verteilt.

4 Abschließende Bewertung

Der vorliegende Beitrag hat gezeigt, dass der Aufbau einer produktorientierten Kostenrech-

Leistungszentrum	SSE / SE	Belegpositionen	Mehrfach-IV-Schlüssel
Anwendung 1	SSE 1	100.000	33,3
	SSE 2	200.000	66,6
Anwendung 2	SSE 1	100.000	16,6
	SSE 2	200.000	33,3
	SSE 3	300.000	50,0

Tab. 1: Beispiel zur Berechnung des Mehrfach-IV-Schlüssels

nung möglich ist. Zwei Hauptziele konnten mit der Neugestaltung erreicht werden. Erstens die Planung, Kontrolle und Steuerung auf markt- und kundenorientierten Absatzobjekten. Mithilfe dieser Steuerungslogik können nicht nur Preisentscheidungen, sondern auch Kundenprofitabilitätsbetrachtungen leichter durchgeführt werden. Zweitens trug die Umsetzung zu einer Umgestaltung der Steuerungsmechanismen im Unternehmen bei. Durch die Isolierung einzelner Steuerungsprobleme (Management der Ressourcenbereitstellung, des Produktionsoutputs, des Produktdesigns, der Profitabilität) konnten unternehmensintern neue Kontroll- und Anreizinstrumente zur Steuerung von Unternehmensbereichen eingeführt werden. Somit stellt das Pilotprojekt einen Schritt in Richtung Industrialisierung von IT-Dienstleistern im Bereich der Kostenrechnung dar. Ungeachtet dessen müssen in Zukunft weitere Untersuchungen angestrebt werden, die insbesondere die Auswirkungen auf die Organisation erforschen.

5 Literatur

[Bertleff 2001] *Bertleff, C.:* Einführung einer IT-Leistungsverrechnung zur Unterstützung des strategischen IT-Controllings. In: HMD – Praxis der Wirtschaftsinformatik, Heft 217, 2001, S. 57-66.

[Brink 1992] *Brink, H.-J.:* Einflußfaktoren auf die Gestaltung der Kostenrechnungssysteme. In: Männel, W. (Hrsg.): Handbuch Kostenrechnung. Gabler, Wiesbaden, 1992, S. 167-181.

[Britzelmaier 1999] *Britzelmaier, B.:* Informationsverarbeitungs-Controlling – Ein datenorientierter Ansatz. B. G. Teubner, Stuttgart, Leipzig, 1999.

[Cooper & Kaplan 1992] *Cooper, R.; Kaplan, R. S.:* Activity-Based Systems: Measuring the Costs of Resource Usage. In: Accounting Horizons, Jg. 6, 1992, Nr. 3, S. 1-13.

[Gerlinger et al. 2000] *Gerlinger, A.; Buresch, A.; Krcmar, H.:* Prozessorientierte IV-Leistungsverrechnung – Der Weg zur totalen Transparenz? In: Krcmar, H.; Buresch, A.; Reb, M. (Hrsg.): IV-Controlling auf dem Prüfstand. Bd. 1, Gabler, Wiesbaden, 2000, S. 105-134.

[Horváth 2003] *Horváth, P.:* Controlling. Verlag Vahlen, München, 2003.

[Neumann et al. 2004] *Neumann, B. R.; Gerlach, J. H.; Moldauer, E.; Finch, M.; Olson, C.:* Cost Management Using ABC for IT Activities and Services. In: Management Accounting Quarterly, Jg. 6, 2004, Nr. 1, S. 29-40.

[Office of Government 2002] *Office of Government:* Best Practice for Service Delivery. The Stationery Office, London, 2002.

[Thommen 1999] *Thommen, J. P.:* Lexikon der Betriebswirtschaft – Management-Kompetenz von A bis Z. Versus, Zürich, 1999.

[Uebernickel et al. 2006] *Uebernickel, F.; Bravo-Sánchez, C.; Zarnekow, R.; Brenner, W.:* Methoden und Verfahren für das Engineering von IT-Produkten. In: IM – Die Fachzeitschrift für Information Management & Consulting, 2006, Nr. 3.

[von Dobschütz 1992] *von Dobschütz, L.:* Wirtschaftlichkeitsanalyse von Anwendungssystemen – Prämissen und Praxis. In: Information Management, 1992, Nr. 4, S. 42-47.

[Zarnekow et al. 2006] *Zarnekow, R.; Brenner, W.; Pilgram, U.*: Integrated Information Management. Applying Successful Industrial Concepts in IT. Springer-Verlag, Berlin, 2006.

Dipl.-Wirtsch.-Inf. Falk Uebernickel
Prof. Dr. Walter Brenner
Universität St. Gallen
Institut für Wirtschaftsinformatik
Müller-Friedberg-Str. 8
CH-9000 St. Gallen
{falk.uebernickel, walter.brenner}@unisg.ch
www.cciim.ch

Dr. Jochen Scheeg
Leiter Corporate Controlling BPO
T-Systems Enterprise Services GmbH
Postfach 652
13476 Berlin
Jochen.Scheeg@t-systems.com
www.t-systems.com

Hinrich Schröder, Ralf Kesten, Thomas Hartwich

Produktorientierte IT-Leistungsverrechnung bei der K+S Gruppe

Die Bündelung von IT-Leistungen zu Produkten, die den Kunden angeboten und in Rechnung gestellt werden, gilt zunehmend nicht nur für extern agierende Service-Provider, sondern auch für konzerninterne IT-Dienstleister als probates Mittel der Leistungsverrechnung. Neben der Gewährleistung von Verursachergerechtigkeit, Kostentransparenz und Steigerung des Kostenbewusstseins bei den Beteiligten lässt sich auf diese Weise vor allem auch der Gedanke der Kundenorientierung in der IT umsetzen. Voraussetzung dafür sind zumeist organisatorische Veränderungen und Erweiterungen des Aufgabenspektrums. Die Bildung anforderungsgerechter und akzeptierter Produkte, die Kalkulation und Verhandlung von Preisen oder die flexible Anpassung der Kapazitäten an die Kundenwünsche stellen wesentliche neue Aufgaben dar, die zu bewältigen sind, um den Anforderungen an Professionalität und Serviceorientierung gerecht zu werden.

Inhaltsübersicht

1 Einflussfaktoren und Ziele bei der Gestaltung der IT-Leistungsverrechnung

Begleitend zur Diskussion um den Wertbeitrag der IT in Unternehmen rücken stets auch die Kosten, die zur Erbringung der IT-Leistungen anfallen, in den Fokus der Betrachtungen. Dies resultiert nicht zuletzt aus der Tatsache, dass die IT-Kosten mittlerweile in vielen Unternehmen, insbesondere in modernen Dienstleistungsbranchen wie beispielsweise Telekommunikation, Finanzdienstleistungen oder Medienwirtschaft, einen erheblichen Anteil an den Gesamtkosten ausmachen.

Zur Beantwortung der Fragestellung, ob und in welcher Form die Kosten an die Leistungsempfänger weiterverrechnet werden sollen, ist eine Reihe von Faktoren zu berücksichtigen (vgl. Abb. 1). Die Bedeutung der IT für das Unternehmen sowie die Höhe und der Anteil der IT-Kosten beeinflussen die Wahl eines adäquaten Verrechnungsverfahrens in besonderem Maße, da der Aufwand für die Implementierung des Verfahrens gerechtfertigt werden muss.

Mit der Weiterverrechnung der IT-Kosten an die jeweiligen Leistungsempfänger können unterschiedliche Zielsetzungen verbunden sein, die von der organisatorischen Einbettung der IT in das jeweilige Unternehmen und dem Grad der Kommerzialisierung, d.h. der Öffnung für externe Kunden, stark beeinflusst werden [Bertleff 2001, S. 58]. Für IT-Abteilungen, die als Costcenter Leistungen für andere Kostenstellen des Unternehmens erbringen, steht häufig die Kostentransparenz für die Kunden im Vordergrund, während für IT-Dienstleister, die als ausgegliederte Konzerngesellschaften auch am

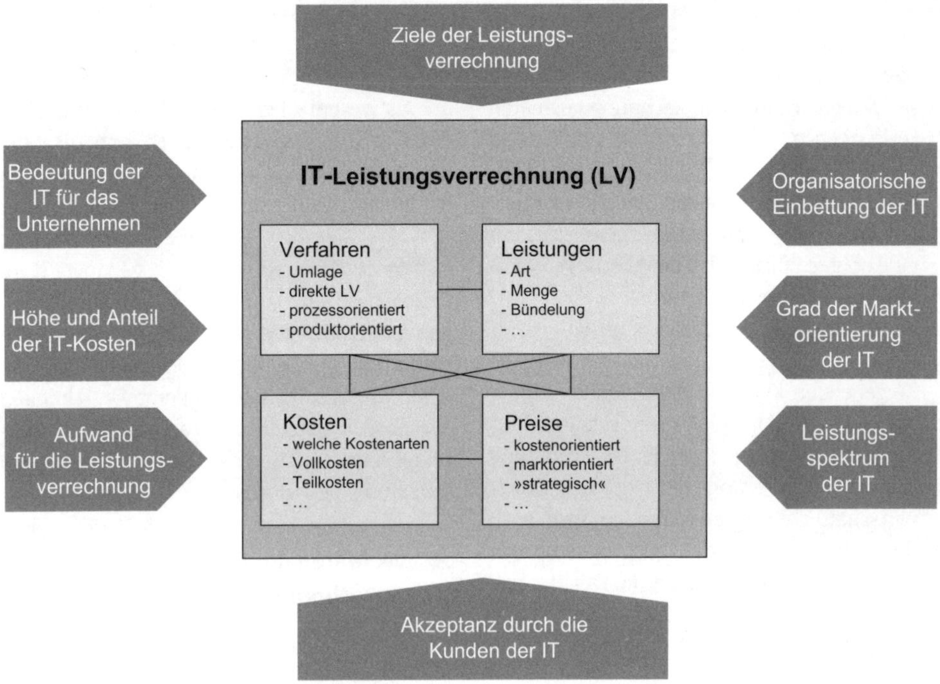

Abb. 1: Einflussfaktoren und Gestaltungsparameter der IT-Leistungsverrechnung

externen Markt agieren, die Definition marktgerechter Produkte mit entsprechender Preiskalkulation bedeutsam ist.

Im Einzelnen können folgende Zielsetzungen genannt werden:

- *Verursachergerechte Kostenverteilung*
  Die IT ist in vielen Unternehmen als klassische Hilfskostenstelle in das Kostenrechnungssystem eingebettet und liefert Werte, die letztlich in die Kostenträgerkalkulation einfließen. Eine genaue und verursachergerechte Weiterverrechnung ist vor diesem Hintergrund anzustreben.
- *Herstellung von Kostentransparenz und -vergleichbarkeit*
  Die Empfänger von IT-Leistungen müssen ihrerseits wirtschaftlich agieren und die in ihren Kostenstellen anfallenden Kosten begründen. Wenn IT-Kosten belastet werden, müssen diese nachvollziehbar und durch die in Anspruch genommenen Leistungen begründet sein. Zudem ist eine einheitliche Ermittlungsgrundlage bzw. Verrechnungsmethodik unabdingbar, um beispielsweise stellenübergreifende Kostenvergleiche (Cost-Benchmarking) durchzuführen.
- *Steigerung des Kostenbewusstseins auf der Seite des Leistungsempfängers*
  In dem Moment, wenn die Empfänger von IT-Leistungen mit den dafür anfallenden Kosten belastet werden, ist die IT kein »freies Gut« mehr, das unbegrenzt und ohne Rücksicht auf die Wirtschaftlichkeit bezogen werden kann. Eine IT-Leistungsverrechnung soll – so die Erwartung – dazu führen, dass maßvoll mit den IT-Ressourcen umgegangen wird und ggf. sogar Kosten gesenkt werden können.
- *Steigerung des Kostenbewusstseins auf der Seite des Leistungserbringers*
  Wenn anfallende Kosten weiterbelastet werden, entsteht ein Kunden-Lieferanten-Ver-

hältnis, das auch Auswirkungen auf das wirtschaftliche Agieren des Leistungserbringers haben kann. Wenn die Kunden die Möglichkeit haben, die ihnen in Rechnung gestellten Leistungen mit denen externer Anbieter zu vergleichen, kann – entsprechende Preisdifferenzen vorausgesetzt – ein erheblicher Druck auf die IT-Abteilung ausgeübt werden, der eine höhere Effizienz bei der Leistungserbringung nach sich ziehen kann.

- *Verbesserung der Kundenorientierung*
  Aus der mit einer Leistungsverrechnung einhergehenden Kunden-Lieferanten-Beziehung resultiert ebenfalls eine grundsätzliche Veränderung im Status der IT. Eine Fakturierung von Leistungen erhöht nicht nur den Druck, wirtschaftlich zu agieren, sondern kann auch dazu führen, dass der Leistungserbringer selbst höhere Maßstäbe an die Qualität seiner Leistungen anlegt. Wenn der Kunde »bezahlt«, soll er auch eine ordentliche Leistung dafür erhalten.
- *Verbesserung der Gewinnsituation im Gesamtunternehmen*
  Aus verbesserter Kostenverteilung, -transparenz und -vergleichbarkeit kann das Gewinnstreben nachhaltig unterstützt werden: Es werden wesentliche Voraussetzungen für Leerkostenanalysen, Make-or-Buy-Entscheidungen, verbesserte Angebotspreiskalkulationen für die jeweiligen Produkte am Absatzmarkt, steueroptimale Abrechnungen bei internationalen Leistungsbeziehungen im Konzernverbund sowie für Gewinnverlagerungen in andere Abrechnungsperioden im Rahmen von vollkostenbasierten Kalkulationen von Eigenleistungen und dergleichen mehr geschaffen.

Letztlich ist für die konkrete Ausgestaltung einer Leistungsverrechnung von entscheidender Bedeutung, was von den jeweiligen Kunden akzeptiert wird. Gestaltungsfreiheiten liegen in der Wahl des grundlegenden Verfahrens, in der Festlegung von Leistungen bzw. Leistungsbündeln, in der Kalkulation von Preisen bzw. Ermittlung von Kostensätzen, die wiederum davon abhängen, welche Kosten in welchem Umfang überhaupt berücksichtigt werden sollen.

Als wesentliches Hemmnis der Einführung einer Leistungsverrechnung ist sicherlich der damit verbundene Aufwand zu nennen. Als nachteilig kann ebenfalls die zunehmende »Bürokratisierung« empfunden werden, die sich in der Notwendigkeit von genauen Stundennachweisen, dem Erstellen von Abrechnungen oder erhöhten Reporting-Anforderungen niederschlägt. Gerade in Organisationen, die einen ausgesprochen kooperativen Umgang zwischen IT-Bereich und Fachabteilungen gepflegt haben, kann dies zu erheblichen Akzeptanzproblemen führen.

2 Verfahren der IT-Leistungsverrechnung

Für die Weiterverrechnung von IT-Kosten an die jeweiligen Leistungsempfänger können unterschiedliche Verfahren genutzt werden, die sich weitgehend an den bekannten Methoden der Kostenrechnung anlehnen. Neben Umlageverfahren und der direkten Leistungsverrechnung werden prozess- und produktorientierte Ansätze in der Literatur diskutiert und in der Praxis eingesetzt.

2.1 Umlageverfahren

Die reine Kostenumlage zeichnet sich vor allem durch eine einfache und schnelle Umsetzbarkeit aus. Über geeignete Bezugsgrößen wie die »Anzahl der Arbeitsplatzrechner« oder »Anzahl der Anwender« wird eine pauschale Verteilung der IT-Kosten vorgenommen. Es ist unmittelbar ersichtlich, dass die Einfachheit des Verfahrens damit erkauft wird, dass nur wenige der o. g. Zielsetzungen tatsächlich erfüllt werden können.

Die Verursachergerechtigkeit hängt maßgeblich von dem verwendeten Verteilungsschlüssel ab. Häufig spiegeln die verwendeten Schlüssel allerdings nicht die reale Inanspruchnahme der Leistungen wider, sodass auch das Ziel der Kostentransparenz nur bedingt erfüllt wird. So kann mit einer pauschalen Umlage von Entwicklungskosten über die Anzahl der Anwender nicht berücksichtigt werden, dass einzelne Bereiche überdurchschnittlich viele Anforderungen an die Änderung oder Weiterentwicklung der genutzten Anwendungssysteme formulieren und somit IT-Kapazitäten in deutlich höherem Maße in Anspruch nehmen als andere.

Im Vergleich zu einem kompletten Verzicht auf eine Leistungsverrechnung kann jedoch zumindest dem Eindruck, dass IT-Leistungen gratis bezogen werden können, entgegengewirkt und das Kostenbewusstsein der Fachabteilungen somit tendenziell gesteigert werden. Unmittelbare Wirkungen auf die Kostenverursachung und -höhe in den IT-Bereichen sowie auf die Kundenorientierung sind jedoch nicht anzunehmen, vor allem dann, wenn die IT-Kostenstellen stets komplett entlastet werden.

2.2 Direkte Leistungsverrechnung

Im Gegensatz zum Umlageverfahren wird mit der direkten Leistungsverrechnung der Versuch unternommen, Größen zu finden, die die tatsächliche Inanspruchnahme von IT-Leistungen repräsentieren. In Kostenrechnungssystemen werden diese Größen zumeist als sogenannte »Leistungsarten« bezeichnet, denen neben einer Mengeneinheit zur Messung des jeweiligen Outputs ein Preis bzw. »Tarif« je leistender Kostenstelle zugeordnet wird. Beispiele aus dem IT-Bereich sind Servicestunden, Programmierstunden oder Anzahl Druckseiten. Die Mengen und Preise können entweder als Planwerte im Rahmen einer Plankostenrechnung angesetzt werden oder die realen Gegebenheiten ex post im Rahmen einer Istkostenrechnung abbilden.

Der Preis einer Leistung je Kostenstelle errechnet sich aus den dafür angefallenen bzw. geplanten Kosten, die auf die gesamte erbrachte bzw. geplante Menge je Leistungsart in einer Berichtsperiode verteilt werden. Während dies für Projekte, z.B. bei der Softwareentwicklung, und Servicetätigkeiten über Arbeitszeitnachweise recht gut umgesetzt werden kann, fällt die Verwendung von Leistungsarten in den technisch orientierten Bereichen der IT sehr schwer. Die Inanspruchnahme von CPU-Zeiten oder Speicherkapazitäten lässt sich i.d.R. technisch zwar messen, kann aber den Kunden gegenüber häufig nur schwer vermittelt werden. Mit zunehmender Genauigkeit steigt zudem auch der Aufwand, der für die Leistungsmessung zu betreiben ist. Eine sehr detailliert ausgebaute Kostenarten- und -stellenrechnung im IT-Bereich ist auf jeden Fall eine unabdingbare Voraussetzung (vgl. dazu [Gadatsch 2005, S. 148 ff.]).

Bei einem gut ausgebauten Verfahren werden die Zielsetzungen der Verursachergerechtigkeit und Kostentransparenz erfüllt. Das Kostenbewusstsein bei den Empfängern kann, ähnlich dem Umlageverfahren, in begrenztem Maße gesteigert werden. Problematisch bleibt die Auswirkung auf das Verhalten der Beteiligten: Wenn alle anfallenden Kosten auf die erbrachten Leistungseinheiten verteilt und weiterverrechnet werden, führen Unwirtschaftlichkeiten seitens der IT-Abteilung lediglich zu einer Preiserhöhung. Ein Verzicht auf nicht zwingend benötigte IT-Leistungen durch die Fachabteilungen würde sich ebenfalls nur in einem Preiseffekt niederschlagen, sodass für keine Seite eine Motivation gegeben ist, wirtschaftlicher zu agieren.

2.3 Prozessorientierte Leistungsverrechnung

Eine Variante, mit der die Kundenorientierung und Transparenz gegenüber kostenstellenbezogenen Umlagen verbessert werden soll, besteht in der Verrechnung von IT-Kosten auf Prozesse [Gerlinger et al. 2000, S. 128 ff.]. Der elementare Unterschied zu den vorgenannten Verfahren besteht darin, dass als Leistungsempfänger keine Kostenstellen, sondern Geschäftsprozesse definiert werden, um somit eine höhere Transparenz bezüglich der Kostenverursachung zu erreichen. Gegenüber den rein technisch orientierten Bezugsgrößen der direkten Leistungsverrechnung liegt die Basis für die Kostenverrechnung hier in der Anzahl der durchgeführten Geschäftsprozesse und somit auf der Kundenseite.

Voraussetzung dafür ist eine umfassende Analyse zur Identifikation der kundenseitig relevanten Prozesse. Über eine Zuordnung von IT-Leistungen, die entsprechend der direkten Leistungsverrechnung bepreist werden, lassen sich dann die IT-Kosten je Prozess ermitteln (vgl. Abb. 2).

Problematisch erscheint auch in diesem Verfahren die begrenzte Möglichkeit zur Kostenbeeinflussung bzw. Verhaltensänderung auf Seiten des IT-Bereiches und der jeweiligen Leistungsempfänger. Eine Reduktion der Kosten durch Veränderung der Abnahmemengen ist nicht sinnvoll, da die Prozesse naturgemäß geschäftsgetrieben sind und daher zwingend ausgeführt werden müssen. Auswirkungen auf den Leistungserbringer lassen sich nur dann annehmen, wenn ein externes Benchmarking der Prozesskosten durchgeführt wird, was nur bei standardisierten Prozessen sinnvoll umsetzbar ist.

2.4 Produktorientierte Leistungsverrechnung

Die Vergleichbarkeit mit externen Anbietern und die damit verbundene Herstellung marktähnlicher Verhältnisse stellt eine wesentliche Zielsetzung der produktorientierten Leistungsverrechnung dar. Für eine Öffnung der IT in Richtung externer Kunden, wie es z.B. im Zusammenhang mit einer Ausgliederung der IT-Abteilung häufig angestrebt wird, ist dieses Verfahren eine unabdingbare Voraussetzung.

Die Grundidee besteht in einer Zusammenführung der unterschiedlichen IT-Leistungen wie Bereitstellung von Netzwerkressourcen, Serverkapazitäten oder Supportleistungen zu vordefinierten Produkten (bspw. PC-Arbeitsplatz), die mit einem festen Preis versehen den Kunden angeboten werden. Die Preisermittlung erfolgt alternativ auf Basis der mit der Leistungserbringung verbundenen Kosten oder in Anlehnung an die Preise vergleichbarer Produkte externer Anbieter. Bezugsgröße für die Kostenverrechnung ist somit die Anzahl der abgenommenen Produkte. Gegenüber einer direkten Leistungsverrechnung auf Basis technischer Bezugsgrößen, die im IT-Bereich gemessen werden, ist dies für den Kunden insgesamt besser nachvollziehbar und im Abstimmungsprozess

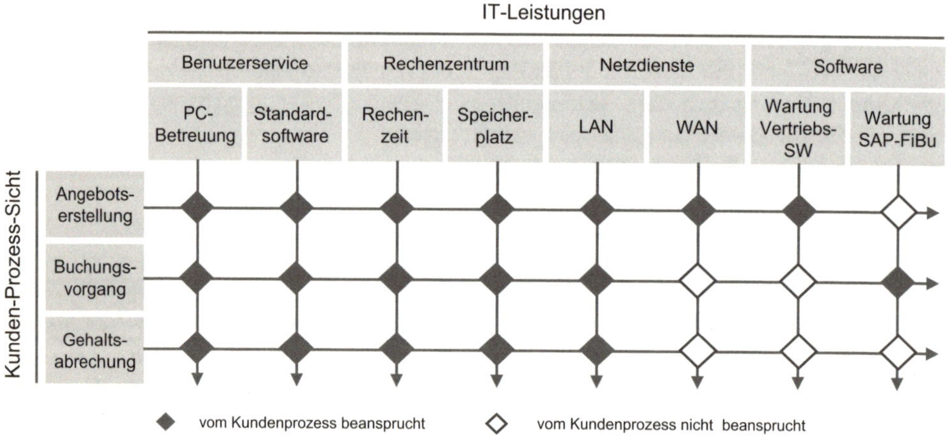

Quelle: [Ennemoser 2000, S. 518]

Abb. 2: Prozessorientierte Leistungsverrechnung

zwischen IT und Fachbereichen einfacher zu kommunizieren.

Durch die Bündelung der Leistungen tritt die Verursachergerechtigkeit gegenüber einer direkten oder prozessorientierten Leistungsverrechnung zwar etwas zurück, der Produktgedanke lässt aber den Aspekt der Kundenorientierung stark in den Vordergrund rücken.

Wenn die Produkte marktgerecht gebildet werden, lässt sich über externe Benchmarks Druck auf den IT-Bereich erzeugen, selbst auch marktgerecht und wirtschaftlich zu agieren. Bei einer kostenorientierten Preisermittlung wird über externe Vergleiche schnell deutlich, wenn die interne IT teurer ist als vergleichbare Anbieter. Bei der Vorgabe von Marktpreisen zeigen sich interne Kostenprobleme durch eine Unterdeckung in der IT-Kostenstelle. Auch wenn gewisse Abstriche hinsichtlich der exakten Vergleichbarkeit interner und externer IT-Dienstleister gemacht werden müssen, lassen sich durch ein solches Verfahren die auf Kostenbewusstsein und Kundenorientierung ausgerichteten Ziele bestmöglich erreichen (vgl. Abb. 3).

In der praktischen Umsetzung wird die Definition »richtiger« Produkte stets als zentrales Problem herausgestellt (vgl. dazu auch [Kütz 2005, S. 125 ff.]). Folgende Kriterien sollten bei einer Produktbildung berücksichtigt werden:

- *Kundenorientierung*
  IT-Produkte müssen für den Kunden verständlich, vom Kunden akzeptiert und die Abnahme durch den Kunden beeinflussbar sein.
- *Eindeutigkeit*
  IT-Produkte müssen klar voneinander abgegrenzt werden, jeweils standardisiert sein und in gleicher Qualität wiederholt angeboten werden können.
- *Zielorientierung*
  IT-Produkte müssen so definiert werden, dass sie Unternehmensziele und -strategien bestmöglich unterstützen.
- *Messbarkeit*
  Die Kosten für ein IT-Produkt sollten möglichst einfach messbar und kalkulierbar sein.
- *Vergleichbarkeit*
  IT-Produkte sollten so gestaltet werden, dass sie möglichst gut sowohl innerhalb des Unternehmens als auch mit externen Angeboten bzw. Marktpreisen verglichen werden können.

Ziele der Leistungsverrechnung

Verrechnungsmethoden	Verursacher-gerechtigkeit	Kosten-transparenz	Kosten-bewusstsein beim Kunden	Kosten-bewusstsein in der IT	Verbesserung der Kunden-orientierung	Verbesserung der Gewinn-situation
Umlage-verfahren	ist nicht gegeben	ist nicht gegeben	kann teilweise beeinflusst werden	wird nicht beeinflusst	wird nicht erreicht	wird nicht erreicht
direkte Leistungs-verrechnung	wird erreicht	wird erreicht	kann teilweise beeinflusst werden	wird nicht beeinflusst	ist mit Einschrän-kungen erreichbar	ist durch höhere Kosten-transparenz denkbar
produkt-orientierte Leistungs-verrechnung	wird teilweise erreicht	wird erreicht	kann teilweise beeinflusst werden	kann durch externe Vergleiche gesteigert werden	ist sehr gut erreichbar	ist durch Kosten-senkungen in der IT denkbar
prozess-orientierte Leistungs-verrechnung	wird erreicht	wird erreicht	kann teilweise beeinflusst werden	wird nicht beeinflusst	ist mit Einschrän-kungen erreichbar	ist durch höhere Kosten-transparenz denkbar

Implementierungsaufwand ↓

Abb. 3: Bewertung der Leistungsverrechnungsverfahren

An einem konkreten Praxisbeispiel soll im Folgenden die Umsetzung einer produktorientierten Leistungsverrechnung verdeutlicht werden.

3 Produktorientierte IT-Leistungsverrechnung bei der K+S AG

Die data process GmbH ist der IT-Dienstleister der K+S Gruppe, einem der weltweit führenden Anbieter von Spezial- und Standarddüngemitteln, Pflanzenpflege- sowie Salzprodukten. Mit rund 140 Mitarbeitern ist data process nicht nur für den Aufbau und Betrieb der gesamten IT-Landschaft der K+S Gruppe verantwortlich, sondern auch für die Weiterentwicklung der IT-Strategie und die Mitgestaltung der Geschäftsprozesse.

data process versteht sich als Anbieter von IT-Komplettlösungen. Dies umfasst die Analyse, Konzeption und Realisierung von Kundenanforderungen auf Basis von SAP-Lösungen. Weiterhin betreut data process das gesamte Rechenzentrum der K+S Gruppe mit insgesamt 250 zentralen und 150 dezentralen Servern für weltweit über 3500 SAP-User. Ein umfangreicher Desktop- und Netzwerkservice runden das Angebot eines IT-Vollservice-Anbieters ab. Um den ständig wachsenden Anforderungen innerhalb K+S Gruppe gerecht zu werden, wuchs data process von 60 Mitarbeitern 1999 auf 140 Mitarbeiter im Jahr 2006. Hierbei wird mittlerweile ein Umsatz von über 30 Mio. € generiert.

Als Dienstleister für alle 50 von data process betreuten Unternehmen der Unternehmensgruppe haben Kundenorientierung und der damit verbundene Servicegedanke oberste Priorität. Die Umwandlung der ehemaligen IT-Abteilung in eine eigenständige IT-GmbH und die damit verbundene Einführung eines adäquaten Verfahrens der IT-Leistungsverrechnung sind daher vor allem diesen Zielsetzungen unterworfen.

3.1 Kostenstellenstruktur

Grundlage der Leistungsverrechnung zwischen data process und den Kunden in der K+S Gruppe ist eine Kostenstellen- und Profitcenter-Struktur, über die eine genaue Zuordnung von Kosten zu Leistungen ermöglicht wird. Auf den Kostenstellen werden zum einen die jeweiligen Primärkosten erfasst, zum anderen die Leistungsbeziehungen innerhalb von data process als Sekundärkosten abgebildet. Primärkosten bezeichnen dabei die Kosten, die durch den Verbrauch von extern bezogenen Gütern und Leistungen entstehen, beispielsweise Abschreibungen für die verwendete Hardware, Softwarelizenzen oder Energiekosten. Durch die Verrechnung innerbetrieblicher Leistungen werden die Kosten der Vorkostenstellen auf Endkostenstellen weiterverrechnet und fallen dort als Sekundärkosten an. Dabei werden die klassischen Verfahren wie Umlagen oder direkte Leistungsverrechnungen genutzt.

Die insgesamt ca. 50 eingerichteten Kostenstellen lassen sich grob in die Bereiche »Betrieb«, »Anwendungen« sowie »Overhead« einteilen, wobei der größte Teil auf den Overhead-Bereich entfällt und die administrativen Funktionen des Unternehmens abdeckt. Die Betriebskostenstellen dienen im Wesentlichen der Bereitstellung der IT-Infrastruktur, während die Kostenstellen des Anwendungsbereiches die SAP-Entwicklung umfassen.

Die Abbildung 4 zeigt exemplarisch ein Verrechnungsschema für die Kostenstelle »Anwendungsbetrieb«. Diese nimmt als Endkostenstelle Primärkosten (Lizenzen, Virenscanner usw.) auf. Zusätzlich erhält sie über die innerbetriebliche Leistungsverrechnung Sekundärkosten aus dem Bereich Servicemanagement. Dafür wird eine Umlage durchgeführt, die auf Schätzungen der Tätigkeiten beruht und durch temporäre Stundenaufschreibungen überprüft werden kann. Im dargestellten Beispiel arbeitet die Kostenstelle Servicemanagement im Schnitt zu 50 % für die Kostenstelle

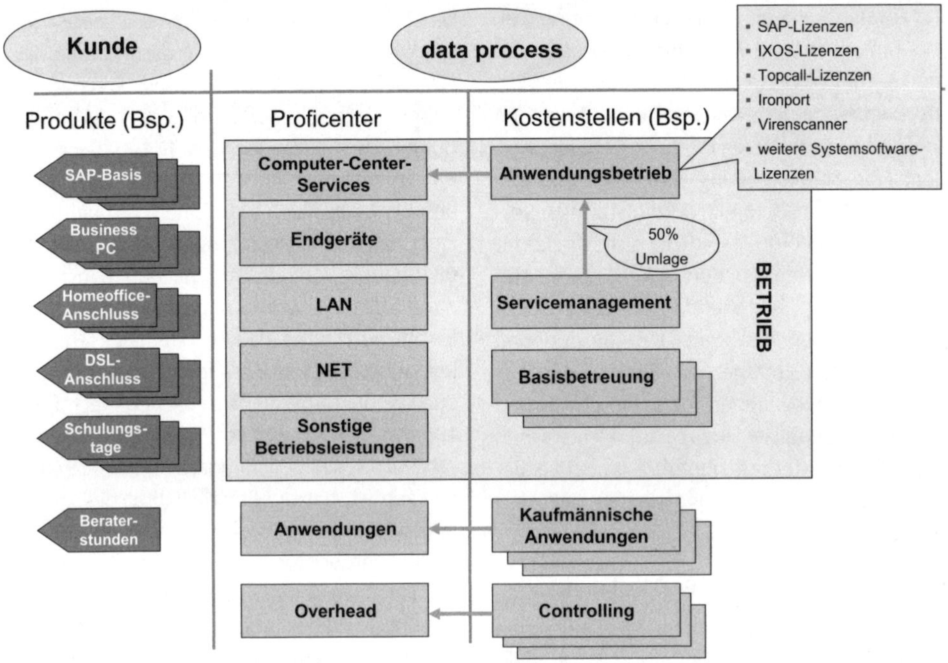

Abb. 4: Kostenstellen- und Profitcenter-Struktur (Auszug)

Anwendungsbetrieb und verrechnet somit in gleichem Maße die angefallenen Kosten weiter.

3.2 Profitcenter-Grundstruktur

Mit der Bildung von Profitcentern wird die Verknüpfung zwischen Kosten und Erlösen hergestellt, um so die Transparenz der Leistungserbringung zu erhöhen und die Frage, ob die festgelegten Artikelpreise kostendeckend sind, beantworten zu können. Jede Kostenstelle ist genau einem Profitcenter zugeordnet, sodass die auf den Kostenstellen gebuchten Kosten gleichzeitig im Reporting der Profitcenter-Rechnung ausgewiesen werden. Für die Abbildung der Leistungserbringung sind Produkte definiert und mit jeweils einem Profitcenter eindeutig verknüpft, sodass auf dieser Ebene eine Gegenüberstellung von Erlösen und Kosten nach dem Gesamtkostenverfahren ermöglicht wird.

Für jedes Profitcenter ist ein Verantwortlicher benannt. Dieser ist für die Kostenplanung sowie die Analyse von Abweichungen gegenüber den anfallenden Istkosten zuständig. Die Erlösverantwortung liegt zentral bei der Einheit »Servicemanagement«. Das Servicemanagement stellt die offizielle Schnittstelle von data process zu den Kunden dar, kalkuliert die Artikelpreise und verantwortet die richtige Zuordnung der Artikel.

Neben einem Profitcenter »Anwendungen«, das für das laufende Projektgeschäft zuständig ist und die Kostenstellen des Anwendungsbereichs enthält, wurde der IT-Betrieb in die Bereiche »Computer-Center-Services«, »Endgeräte«, »LAN«, »NET« und »sonstige Betriebsleistungen« gegliedert (vgl. Abb. 4). Diese Aufteilung des IT-Betriebs ermöglicht eine effektive Steuerung und Planung der unterschiedlichen Betriebsbereiche und erlaubt eindeutig zuzuordnende Produktdefinitionen.

Für den Anwendungsbereich ist keine weitere Differenzierung vorgenommen worden, da die Leistungen dieses Bereiches ausschließlich als Beraterstunden weiterverrechnet werden und dort keine weiteren Produkte definiert werden. Eine Sonderstellung nimmt der Bereich »Overhead« ein, dem alle administrativen Kostenstellen zugeordnet sind, die nicht direkt mit Leistungen für die Kunden in Verbindung stehen. Die dort entstehenden Kosten müssen letztendlich von den Bereichen Betrieb und Anwendungen getragen werden, da nur hier Erlöse gegenüberstehen. Aus diesem Grund wird eine monatliche Umlage auf die restlichen sechs Profitcenter durchgeführt, wobei als Bezugsgrößen die dort angefallenen Istkosten dienen.

3.3 Produktbildung und Preiskalkulation

Für die Leistungsabrechnung an die Endkunden wird konsequent auf die Definition von Produkten gesetzt, die in einem für alle Kunden verbindlichen und im K+S-Intranet abrufbaren Katalog angeboten werden.

Insgesamt sind ca. 180 verschiedene Produkte definiert worden, die entsprechend der oben vorgestellten Profitcenter-Struktur kategorisiert werden können. Die vergleichsweise hohe Anzahl erklärt sich dadurch, dass zunächst einzelne Leistungen, z. B. eine Datenleitung zu einem Kunden, individuell abgerechnet wurden. Die Anzahl soll allerdings sukzessive reduziert werden, da mittelfristig ein Katalog von ca. 100 bis 120 Artikeln angestrebt wird. Dies wird zum einen durch die Zusammenfassung gleichartiger Leistungen erreicht, indem beispielsweise alle Datenleitungen einer Leitungskapazität zu einem Produkt gruppiert werden, zum anderen geschieht dies durch die Bündelung von Einzelleistungen zu Leistungspaketen, die pauschal abgerechnet werden.

Bei der Gestaltung der IT-Produkte und Preise ist eine deutliche Tendenz zu solchen Pauschalen, d.h. der Zusammenfassung von mehreren Leistungen zu einem Artikel, zu erkennen. So enthält der Artikel »Netzwerkservice« beispielsweise alle Kosten für das Material des Netzwerkes, für Wartung und Reparaturen, Fremdinformatik, Softwarelizenzen, Weiterbildung, Abschreibungen usw. Dieses Leistungsbündel wird allen Kunden, die einen Netzwerkanschluss besitzen, zu einem einheitlichen Pauschalpreis in Rechnung gestellt, der somit unabhängig von der tatsächlichen Inanspruchnahme des Netzwerkes definiert wird. Dies wird für alle Beteiligten als sinnvoller angesehen, als jede einzelne Leistung separat zu verrechnen, auch wenn damit die Verursachergerechtigkeit abnimmt. Aufgrund der Tatsache, dass data process ausschließlich innerhalb der K+S Gruppe tätig ist, hat die Praktikabilität des Verfahrens stets Vorrang vor der Genauigkeit.

Bei der weiteren Entwicklung des Produktkataloges werden die in Abschnitt 2.4 genannten Kriterien konsequent berücksichtigt, wobei der Kundenorientierung, gemessen an der Verständlichkeit und kundenseitigen Akzeptanz der angebotenen und fakturierten Leistungen, die höchste Priorität zukommt.

Ein Beispiel für die Leistungsbeschreibung des Artikels »Desktop Business PC« zeigt die Abbildung 5.

Die Preiskalkulation erfolgt auf Kostenbasis, wobei die Kosteninformationen für die einzelnen Positionen einer Leistungsbeschreibung in unterschiedlichem Detaillierungsgrad vorliegen. So ist beispielsweise aufgrund statistischer Auswertungen relativ genau bekannt, wie viele Stunden ein PC pro Jahr durch das Customer-Service-Center durchschnittlich betreut wird. Über den Stundensatz der Abteilung lassen sich daraus die anzusetzenden Kosten ermitteln. Ein Großteil der in Abbildung 5 aufgeführten Leistungen, beispielsweise für Produktauswahl, Beschaffungsmanagement oder Genehmigungsmanagement, wird dagegen über einen Gemeinkostenzuschlag berücksichtigt.

Der Endpreis eines Produktes beinhaltet zudem eine prozentuale Gewinnspanne, die für alle Artikel identisch ist. data process verfolgt

Leistungsbeschreibung Desktop Business PC
Jeder IT-Anwender erhält auf Anforderung einen aktuellen PC für mindestens 48 Monate. Der PC wird über den gesamten Lebenszyklus von data process betreut. Dazu gehören: ▪ Produktauswahl (Marktbeobachtung, Spezifikation, Lieferantenauswahl gemeinsam mit dem Einkauf) ▪ Beschaffungsmanagement ▪ Genehmigungsmanagement ▪ Standardisierung bzw. Integrationstest ▪ Automatisierte Erstinstallation ▪ Aufstellung bzw. Einweisung beim Anforderer ▪ Equipmentverwaltung mittels SAP PM ▪ Betreuung während des Betriebes durch unser Customer-Service-Center, sowohl durch Remote-Einsätze als auch Vor-Ort-Einsätze ▪ Abholung ▪ Datenvernichtung nach dem betrieblichen Einsatz ▪ Fachgerechte Entsorgung

Abb. 5: Auszug aus einer Leistungsbeschreibung

als interner Dienstleister jedoch nicht das Ziel der Gewinnmaximierung und hat auch nicht die Möglichkeit einer freien Preisgestaltung. Vielmehr soll sichergestellt werden, dass die tatsächlich angefallenen Kosten an die Gruppengesellschaften verrechnet werden. Zielvorgabe ist ein nachvollziehbares und möglichst kostengünstiges Angebot, das sich in entsprechend niedrigen Artikelpreisen widerspiegeln soll, die vor allem auch über einen längeren Zeitraum stabil bleiben.

Generell gilt, dass grundsätzlich alle IT-Leistungen innerhalb der K+S Gruppe von data process bezogen werden müssen. Dennoch unterliegen die Preise einem laufenden Benchmarking, um eine konsequente Marktorientierung zu erreichen. Marktpreisvergleiche werden zusammen mit unabhängigen Beratungsunternehmen durchgeführt. Dabei werden die einzelnen Positionen und Preise des Produktkataloges in Bezug zu gleichartigen Dienstleistungen anderer Anbieter gesetzt. Signifikante Preisabweichungen werden zum Anlass genommen, die Effizienz der Leistungserbringung kritisch zu überprüfen und Kostensenkungspotenziale aufzudecken.

Für die Leistungsplanung und Preisfestlegung gelten für data process die gleichen Regeln wie für einen auf dem freien Markt agierenden Anbieter. Im Budgetprozess der Anwendungsentwicklung ist eine umfassende Abstimmung mit den Kunden erforderlich, ein IT-Koordinator auf der Kundenseite fungiert dafür jeweils als zentraler Ansprechpartner. Gegenüber der Anwendungsentwicklung gibt es im Betriebsbereich zumeist nur bei strukturellen Änderungen größere Mengenanpassungen, ansonsten bleibt hier das Mengengerüst weitestgehend konstant.

Weitreichende Artikel- bzw. Preisanpassungen werden einem aus Geschäftsführern und Bereichsleitern bestehenden IT-Gremium vorgestellt und gemeinsam beschlossen. An dieser entscheidenden Schnittstelle zwischen data process und den Kunden der K+S Gruppe erfolgt die Zustimmung zu den Artikelpreisen sowie die Koordination des Projektportfolios zwischen den Geschäfts- und Funktionsbereichen.

Während die Basisleistungen weitgehend vom IT-Dienstleister für die Kunden geplant werden können, liegt die Planung der Projektbudgets in Kundenhand. Dies kann in Einzelfällen auch dazu führen, dass avisierte Projekte kundenseitig zurückgezogen werden. Für data process ergeben sich damit hohe Anforderungen an die eigene Kapazitätsplanung. Durch die gezielte Einbindung externer Ressourcen, die flexibel eingeplant werden können, wird dieser Anforderung Rechnung getragen.

4 Erfahrungswerte und Ausblick

Von den in Abschnitt 1 aufgeführten möglichen Zielen der Leistungsverrechnung wird bei data process der Fokus auf die Herstellung von Kostentransparenz und -vergleichbarkeit, die Steigerung des Kostenbewusstseins auf der Seite des Leistungserbringers sowie die Verbesserung der Kundenorientierung gelegt. Entsprechend der oben vorgenommenen Bewertung ist die Anwendung eines produktorientierten Verrechnungsverfahrens somit folgerichtig und erfüllt diese Zielsetzungen auch im praktischen Einsatz.

Als wesentlicher Erfolgsfaktor bei der Umsetzung des Verfahrens hat sich die Aufteilung des IT-Betriebs in einzelne Profitcenter erwiesen, da somit eine klare Zuordnung von Verantwortlichkeiten für die Leistungserbringung umgesetzt werden konnte. Indem auf Ebene der Profitcenter Kosten- und Erlösinformationen zusammengeführt werden, sind zudem erstmalig Aussagen zur Profitabilität einzelner Bereiche möglich.

Wesentliche Aufgaben in der Weiterentwicklung sind in der skizzierten Konsolidierung des Produktkataloges zu sehen. Die größte Herausforderung besteht in der Installation einer detaillierten monatlichen Planung auf Basis der neuen Profitcenter-Struktur.

Die Umsetzung einer produktorientierten Leistungsverrechnung in der dargestellten Form ist nicht nur aus betriebswirtschaftlichen Gründen sinnvoll, sondern setzt vor allem auch den Servicegedanken in einer professionellen Art und Weise um. Der Nutzen einer IT-Leistungsverrechnung besteht nicht zwingend in einer Kosteneinsparung, vielmehr stehen Aspekte wie Transparenz, Steuerung der Fachbereichswünsche oder die Auswirkungen auf die Mitarbeiter der IT, die so zu Leistungsnachweisen gezwungen werden, im Vordergrund.

5 Literatur

[Bertleff 2001] *Bertleff, C.*: Einführung einer IT-Leistungsverrechnung zur Unterstützung des strategischen IT-Controllings. In: HMD – Praxis der Wirtschaftsinformatik, 38. Jg., Heft 217, 2001, S. 57-66.

[Ennemoser 2000] *Ennemoser, H.*: Der IV-Dienstleistungskatalog – Kommunikationsmedium und Abbild der Komplexität im IV-Bereich. In: von Dobschütz, L.; Barth, M.; Kütz, M.; Möller, H.-P. (Hrsg.): IV-Controlling. Wiesbaden, 2000, S. 513-524.

[Gadatsch 2005] *Gadatsch, A.*: Masterkurs IT-Controlling. 2. verb. und erw. Aufl., Wiesbaden, 2005.

[Gerlinger et al. 2000] *Gerlinger, A.; Buresch, A.; Krcmar, H.*: Prozeßorientierte IV-Leistungsverrechnung – Der Weg zur totalen Transparenz. In: Krcmar, H.; Buresch, A.; Reb, M.: IV-Controlling auf dem Prüfstand. Wiesbaden, 2000, S. 105-134.

[Kütz 2005] *Kütz, M.*: IT-Controlling für die Praxis, Konzeption und Methoden. dpunkt.verlag, Heidelberg, 2005.

Prof. Dr. Hinrich Schröder
Prof. Dr. Ralf Kesten
NORDAKADEMIE
Hochschule der Wirtschaft
Köllner Chaussee 11
25337 Elmshorn
{hinrich.schroeder, ralf.kesten}@nordakademie.de
www.nordakademie.de

Dipl.-Oec. Thomas Hartwich
data process GmbH
Ludwig-Erhard-Str. 6
34131 Kassel
thomas.hartwich@dataprocess.de
www.dataprocess.de

Dirk Stelzer, Winfried Bratfisch

Earned-Value-Analyse – Controlling-Instrument für IT-Projekte und IT-Projektportfolios

Die Earned-Value-Analyse (EVA) ist ein Verfahren, mit dessen Hilfe der Fortschritt von IT-Projekten kontrolliert und prognostiziert werden kann. Die EVA beinhaltet ein Kennzahlensystem zur Bewertung der Leistung eines Projektes während der Projektlaufzeit. Sie bietet die Möglichkeit, Zeit-, Kosten- und Leistungstrends in einer Darstellung zusammenzufassen. Obwohl die EVA im angloamerikanischen Sprachraum in vielen IT-Projekten zur Anwendung kommt und in verschiedenen Leitfäden und Standards empfohlen wird, scheint dieses Verfahren in deutschen IT-Projekten noch wenig verbreitet zu sein. Dieser Beitrag stellt die wichtigsten Kennzahlen der EVA vor, ordnet das Verfahren in gängige Leitfäden zum IT-Projektmanagement ein und gibt Hinweise zur praktischen Anwendung sowohl für einzelne Projekte als auch für ein Projektportfolio bzw. das Multiprojektmanagement.

Inhaltsübersicht

1 Einführung in die Earned-Value-Analyse

Fragen Sie einen Projektleiter, wie weit sein Projekt gediehen ist, so wird die Antwort häufig lauten: »Zu 50 % fertig«, und zwar völlig unabhängig davon, wann Sie ihn fragen. Diese sicher etwas überzogene Feststellung charakterisiert dennoch treffend ein grundlegendes Problem in vielen sogenannten IT-Projekten, nämlich dass der Grad der Zielerreichung – oder anders formuliert, der Projektfortschritt – nur selten genau verfolgt oder gar gemessen, sondern in erster Linie durch individuelle Schätzung einzelner Personen bestimmt wird. Dies ist keine sinnvolle Grundlage für ein angemessenes Projektcontrolling.

Die DIN 69904 fasst unter dem Begriff »Projektcontrolling« alle Prozesse und Regeln zusammen, die zur Sicherung des Erreichens der Projektziele beitragen. Hierzu zählen insbesondere der Soll-Ist-Vergleich, die Feststellung und Analyse der Abweichungen betriebswirtschaftlich relevanter Daten und die Bewertung von Konsequenzen und das Auswählen von Korrekturmaßnahmen. Typische Hilfsmittel des Projektcontrollings sind die Meilensteintrendanalyse, die Nutzwertanalyse, Projektportfolios, die Balanced Scorecard und die Earned-Value-Analyse (EVA) [Schreckeneder 2005].

Die EVA ist ein einfach anzuwendendes Hilfsmittel des Projektcontrollings, das die Projektverantwortlichen mit aussagekräftigen und leicht zu ermittelnden Kennzahlen unterstützt. Insbesondere in den Projekten, in denen bereits eine softwaregestützte Struktur-, Termin- und Budgetplanung durchgeführt wird, ist die EVA ohne nennenswerten zusätzlichen Aufwand durchführbar.

Die EVA wird auch als Ertragswertanalyse oder Arbeitswertanalyse bezeichnet. Sie umfasst ein Kennzahlensystem zur Bewertung der Leistung bzw. des Ertrages eines Projektes während der Projektlaufzeit. Das Verfahren wurde in den 60er-Jahren von der U.S. Air Force entwickelt und zunächst unter der Bezeichnung Cost/Schedule Control Systems Criteria (C/SCSC) bekannt. Später wurde es als Standardverfahren zur Erstellung von Statusberichten für umfangreiche Projekte vorgeschrieben, die im Auftrag des amerikanischen Verteidigungsministeriums durchgeführt wurden. Heute ist die EVA ein Standard für die Projektfortschrittskontrolle bei öffentlichen Projekten in den Vereinigten Staaten [Fleming & Koppelman 2005; Webb 2003]. In deutschen IT-Projekten scheint die EVA bisher allerdings nur wenig verbreitet zu sein.

Die EVA wird in verschiedenen Leitfäden zum Projektmanagement empfohlen bzw. kann hilfreich sein, die dort formulierten Empfehlungen zum Projektcontrolling umzusetzen.

Im Project Management Body of Knowledge (PMBOK) des Project Management Institute (PMI) wird die EVA im Abschnitt »Project Cost Management – Cost Control« umfassend beschrieben [PMI 2004a]. Außerdem hat das PMI einen Leitfaden zur Anwendung der EVA publiziert [PMI 2004b]. Wesentliche Begriffe und Kennzahlen des Verfahrens werden dort erläutert.

Der vom britischen Office of Government Commerce (OGC) herausgegebene Projektmanagement-Leitfaden PRojects IN Controlled Environments (PRINCE2) eröffnet im Teilprozess »Steuern einer Phase« die Möglichkeit, die EVA als Werkzeug einzusetzen [OGC 2006].

Im V-Modell XT (Version 1.2.0) wird die EVA als eine Methodenreferenz zur Projektplanung und -steuerung aufgeführt. Sie wird als Verfahren der Leistungsfortschrittsmessung mit Kostenverfolgung und Zeitkontrolle kurz beschrieben [V-Modell XT 2004].

In der DIN 69903 wird der Kerngedanke der EVA unter dem Begriff »Fertigstellungswert« erwähnt, das Verfahren wird dort aber nicht näher beschrieben.

Im Rahmen der EVA wird der Fortschritt bzw. Ertrag eines Projektes durch Vergleich des mit Plankosten bewerteten Projektfortschritts (der Projektleistung bzw. dem Ertragswert) mit den geplanten Terminen und den geplanten Kosten gemessen. Die EVA ist eine Erweiterung einfacher Termin- und Budgetabweichungsanalysen, weil der zum Kontrolltermin erzielte Ertrag bzw. die Leistung des Projektes in Geldeinheiten ausgedrückt werden kann. Außerdem ermöglicht die EVA es, Trends aufzuzeigen, um detaillierte Prognosen zum weiteren Projektverlauf abgeben zu können.

2 Darstellung der Earned-Value-Analyse an einem Fallbeispiel

Im Folgenden stellen wir die EVA an einem Fallbeispiel dar. Die Eigenschaften dieses Beispiels sind so gewählt, dass einige der Vorteile der EVA leicht veranschaulicht werden können. Es handelt sich – in erster Linie aus Darstellungsgründen – um ein kurzes Projekt mit einer geplanten Dauer von neun Wochen bzw. 45 Arbeitstagen und einem Projektbudget von 100.000 € (2000 Personenstunden à 50 €). Der Einfachheit halber gehen wir davon aus, dass in dem Projekt nur Personalkosten entstehen und in den Projektzeitraum keine Feiertage fallen. Wir haben wiederum aus Darstellungsgründen ein sequenzielles, dem Wasserfallmodell nachempfundenes Vorgehen gewählt.

Abbildung 1 zeigt den mithilfe von MS Project dargestellten Projektablaufplan.

Der Projektbeginn ist für den Anfang der 38. Kalenderwoche (KW) vorgesehen. Zu diesem Zeitpunkt ist der Fertigstellungsgrad für alle Teilaufgaben 0 %. Für die Entwicklung des Konzeptes sind eine Dauer von 10 Arbeitstagen und ein Budget von 10.000 € geplant, für die Programmspezifikation ebenfalls 10 Arbeitstage mit einem Budget von 16.000 €, für die Codierung sind 15 Tage und ein Budget von 36.000 €

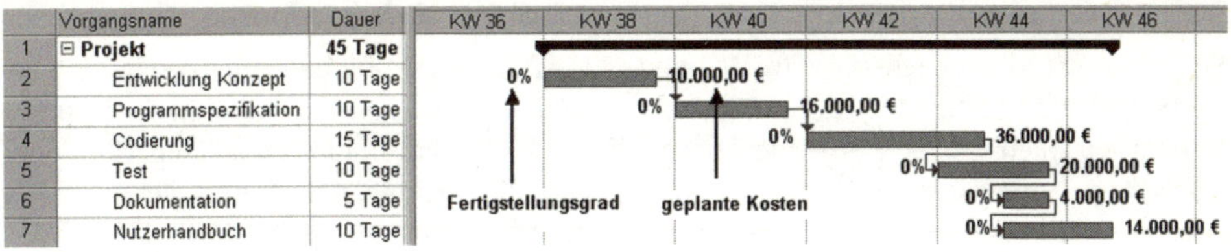

Abb. 1: Projektplan bei Projektbeginn

veranschlagt, für den Test 10 Tage und ein Budget von 20.000 €, für die Dokumentation 5 Tage und ein Budget von 4.000 € sowie für das Nutzerhandbuch eine Dauer von 10 Tagen und ein Budget von 14.000 €.

2.1 Projektfortschrittskontrolle

Angenommen, nach Ablauf der 7. Projektwoche, d.h. am Ende der 44. KW, soll mithilfe der EVA eine Projektfortschrittskontrolle durchgeführt werden. Nehmen wir weiter an, zu diesem Zeitpunkt seien Konzeptentwicklung und Programmspezifikation wie geplant fertiggestellt. Die Codierung ist begonnen, aber noch nicht abgeschlossen worden. Der Projektleiter schätzt den Fertigstellungsgrad des Codes auf 75 %. Der Test ist abweichend vom Plan noch nicht begonnen worden. Der Fertigstellungsgrad liegt in diesem Fall bei 0 %. Abbildung 2 gibt einen Überblick über den Fertigstellungsgrad und die Plankosten der einzelnen Teilaufgaben zum Kontrolltermin nach der 7. Projektwoche.

Die Quantifizierung des Fertigstellungsgrades bei begonnenen, aber noch nicht abgeschlossenen Teilaufgaben gehört mit zu den schwierigsten Aufgaben der EVA. Sofern sich der Projektverantwortliche zu einer realistischen Schätzung in der Lage sieht, wird er den Fertigstellungsgrad in einer Prozentzahl ausdrücken. Ist dies nicht möglich, gibt es verschiedene Optionen, den Fertigstellungsgrad zu quantifizieren. Eine Möglichkeit besteht darin, den Fertigstellungsgrad mit 0 % zu bezeichnen, solange die Teilaufgabe noch nicht vollständig abgeschlossen ist. Eine andere Möglichkeit sieht vor, den Fertigstellungsgrad mit 100 % zu bezeichnen, sobald die Teilaufgabe begonnen ist. Andere, realistischere Optionen sehen vor, den Fertigstellungsgrad z.B. mit 25 % anzugeben, sobald mit der Arbeit an der Teilaufgabe begonnen wurde, mit 50 %, sobald die Hälfte, und mit 75 %, sobald drei Viertel der geplanten Zeit für die Teilaufgabe abgelaufen sind [Kütz 2005]. Im Folgenden führen wir verschiedene, für die EVA zentrale Begriffe ein.

Budget at Completion und Schedule at Completion

Budget at Completion (BAC) bezeichnet das geplante Gesamtbudget des Projektes. In unserem Fallbeispiel sind dies 100.000 €. Schedule at Completion (SAC) drückt die geplante Projektdauer aus, in unserem Fall neun Wochen oder 45 Arbeitstage.

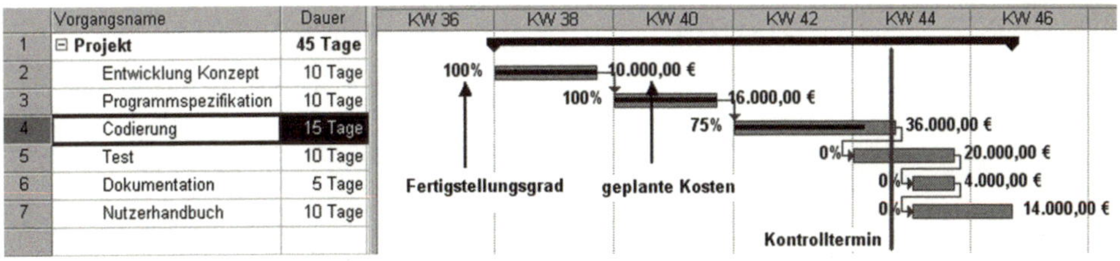

Abb. 2: Projektplan zum Kontrolltermin

Budgeted Cost of Work Scheduled

Budgeted Cost of Work Scheduled (BCWS) sind die budgetierten Kosten der (bis zum Kontrolltermin) geplanten Teilaufgaben – oder kurz die Plankosten. Die Kennzahl BCWS gibt Auskunft darüber, welche Kosten bei Projektbeginn für die bis zum Kontrolltermin vorgesehenen Leistungen geplant gewesen sind.

Abbildung 3 gibt in der mit BCWS bezeichneten Spalte die relevanten Werte wieder. Alle anderen Angaben werden im Folgenden erörtert.

Es war geplant, bis zum Ende der 7. Projektwoche drei Teilaufgaben (Nr. 2 bis 4) komplett und eine (Nr. 5) teilweise fertigzustellen. Die BCWS bzw. Plankosten für die Entwicklung des Konzeptes betragen 10.000 €, für die Programmspezifikation 16.000 € und für die Codierung 36.000 €. Der Test sollte bis zur 7. Projektwoche planmäßig (vgl. Abb. 1) zu etwas mehr als der Hälfte fertiggestellt sein, die anteiligen Plankosten betragen 11.500 €. Da die Kennzahl BCWS nicht die Plankosten des gesamten Projektes ausdrückt, sondern nur die Plankosten der Teilaufgaben, die bis zum Kontrollzeitpunkt geplant waren, sind als BCWS für Dokumentation und Nutzerhandbuch jeweils 0 € eingetragen.

Actual Cost of Work Performed

Die Actual Cost of Work Performed (ACWP) bezeichnen die anteiligen Istkosten der (bis zum Kontrolltermin) erbrachten Teilaufgaben – oder kurz: die Istkosten. Abbildung 3 gibt in der mit ACWP bezeichneten Spalte die relevanten Werte wieder.

Die Entwicklung des Konzeptes sollte planmäßig zum Kontrolltermin fertiggestellt sein. Dies ist tatsächlich mit dem geplanten Budget erreicht worden, also entsprechen die Plankosten den Istkosten in Höhe von 10.000 €. Die Programmspezifikation ist ebenfalls in der vorgesehenen Dauer fertiggestellt worden, aber die Istkosten betrugen 17.200 €.

Die Codierung sollte zwar laut Plan bis zum Kontrolltermin fertiggestellt sein, dies ist aber nicht der Fall. Obwohl die Werte von BCWS und ACWP für die Codierung beide 36.000 € betragen, ist ihre Bedeutung unterschiedlich. 36.000 € BCWS bedeuten, dass geplant war, die Codierung mit einem Aufwand von 36.000 € fertigzustellen. 36.000 € ACWP besagen, dass für die Codierung bis zum Kontrolltermin 36.000 € Istkosten entstanden sind. Die ACWP machen aber keine Aussage darüber, ob bzw. in welchem Maß diese Aufgabe auch tatsächlich fertiggestellt worden ist. Aus den Angaben des Projektleiters wissen wir, dass die Codierung

Nr.	Vorgang	BCWS	BCWP	ACWP	CPI	SPI
2	Entwicklung Konzept	10.000 €	10.000 €	10.000 €	1,00	1,00
3	Programmspezifikation	16.000 €	16.000 €	17.200 €	0,93	1,00
4	Codierung	36.000 €	27.000 €	36.000 €	0,75	0,75
5	Test	11.500 €	0 €	0 €	0,00	0,00
6	Dokumentation	0 €	0 €	0 €	0,00	0,00
7	Nutzerhandbuch	0 €	0 €	0 €	0,00	0,00
1	**Projekt**	**73.500 €**	**53.000 €**	**63.200 €**	**0,84**	**0,72**

Abb. 3: Stand des Projektes nach Ablauf der 7. Projektwoche

erst zu 75 % abgeschlossen ist. Den Istkosten von 36.000 € für die Codierung steht eine geringere als die geplante Leistung gegenüber. Bis zum Abschluss der Codierung werden weitere Kosten entstehen.

Der Test hätte laut Plan zwar begonnen werden sollen, aber auch dies ist noch nicht geschehen. Das bedeutet, dass auch keine Istkosten angefallen sind. Es war nicht geplant, dass die Arbeiten an Dokumentation und Nutzerhandbuch zum Kontrollzeitpunkt aufgenommen waren, und dies ist auch nicht eingetreten. Folglich betragen sowohl BCWS als auch ACWP für beide Aufgaben 0 €.

Budgeted Cost of Work Performed bzw. Earned Value

Die Budgeted Cost of Work Performed (BCWP) sind die Plankosten der bis zum Kontrolltermin tatsächlich erbrachten Teilaufgaben. Die BCWP werden auch als »Earned Value« oder »Ertragswert« bezeichnet. Diese Größe beantwortet die Frage: Welche mit Plankosten bewertete Projektleistung (Ertrag) wurde bis zum Kontrolltermin erbracht? Durch diese Darstellung hat man einen normierten Maßstab, um die Plankosten mit dem tatsächlich erreichten Wert des Projektes (dem »Earned Value«) zu vergleichen. Die Werte für den Earned Value der einzelnen Aufgaben finden sich in Abbildung 3 in der Spalte BCWP.

Die Programmspezifikation sollte planmäßig bis zur 7. KW fertiggestellt sein. Dies ist auch erreicht worden. Allerdings betragen die Istkosten 17.200 €. Beim BCWP wird diese Leistung, wie bereits erwähnt, mit den Plankosten bewertet, so dass sich ein Wert von 16.000 € für die Programmspezifikation ergibt.

Die Codierung sollte planmäßig ebenfalls bis zur 7. KW fertiggestellt sein. Diese ist aber noch nicht abgeschlossen. Die Plankosten entsprechen zwar den Istkosten, aber dem steht nicht die vollständige, geplante Leistung gegenüber. Wie bereits erwähnt, hat der Projektleiter geschätzt, dass die Codierung zu 75 % fertiggestellt ist. Der Fertigstellungsgrad wird mit den Plankosten bewertet, also mit 27.000 € (75 % von 36.000 €).

Das Testen hätte laut Plan zum Kontrolltermin bereits begonnen sein sollen. Dies ist aber nicht der Fall. Das bedeutet, dass auch kein Ertrag entstanden ist. Folglich weist der BCWP für den Test 0 € aus.

Zum Kontrolltermin hätte das Projekt laut Plan Kosten in Höhe von 73.500 € (BCWS) verursacht haben sollen. Tatsächlich sind nur Kosten in Höhe von 63.200 € (ACWP) angefallen. Diesen Kosten steht lediglich eine Leistung bzw. ein Ertrag in Höhe von 53.000 € (BCWP) gegenüber.

Cost Performance Index und Schedule Performance Index

Der Cost Performance Index (CPI) oder die relative Kostenabweichung beschreibt das Verhältnis zwischen BCWP (Earned Value) und ACWP (Istkosten). Er beantwortet die Frage, in welchem Verhältnis die bis zum Kontrolltermin erbrachte Leistung zu dem bis dahin entstandenen Aufwand steht. Der CPI ist ein Maß für die Kosteneffizienz. Im Beispiel beträgt der Earned Value 84 % der Istkosten (CPI = BCWP / ACWP = 53.000 € / 63.200 €).

Der Schedule Performance Index (SPI) oder die relative Terminabweichung beschreibt das Verhältnis zwischen BCWP (Earned Value) und BCWS (Plankosten). Er gibt Auskunft darüber, in welchem Verhältnis die bis zum Kontrolltermin erbrachte Leistung zu dem bis dahin geplanten Aufwand steht. Der SPI ist ein Maß für die Termintreue. Im Beispiel beträgt der Earned Value nur 72 % dessen, was das Projekt laut Plan bis zum Kontrolltermin hätte erreichen sollen (SPI = BCWP / BCWS = 53.000 € / 73.500 €).

Das Projekt ist zu langsam und zu teuer. Allerdings hätte man für diese Erkenntnis keine EVA durchführen müssen. Interessant ist vielmehr, dass das Ausmaß der Budgetüberschreitung und der Verzögerung quantifiziert werden kann. Dies ermöglicht es, sowohl den Fortschritt verschiedener Projekte miteinander zu vergleichen als auch eine Prognose zum voraussichtlichen Endtermin des Projektes und den Gesamtkosten bzw. der Budgetüberziehung zu machen. Dies ist Gegenstand der folgenden Ausführungen.

2.2 Projektfortschrittsprognose

Estimate at Completion und Estimate to Complete

Die Kennzahl Estimate at Completion (EAC) bezeichnet die geschätzten Gesamtkosten. Sie gibt Auskunft darüber, welche Kosten vom Kontrolltermin aus gesehen voraussichtlich für die Durchführung des gesamten Projektes anfallen werden. Es gibt verschiedene Formeln zur Schätzung der Gesamtkosten, von denen wir hier die einfachste vorstellen wollen: EAC = ACWP + (BAC – BCWP) / CPI. In unserem Beispiel bedeutet dies, dass das ursprünglich geplante Budget von 100.000 € voraussichtlich um ca. 20 % überschritten wird (EAC = 63.200 € + (100.000 € – 53.000 €) / 0,84 = 119.152 €). Die im weiteren Verlauf des Projektes anfallenden Kosten sind umso höher, je niedriger die Kosteneffizienz bisher gewesen ist. Komplexere Schätzformeln variieren den zukünftigen Einfluss des CPI, um zu optimistischeren oder pessimistischeren Schätzungen zu gelangen [Fleming & Koppelman 2005; Niemand et al. 2003].

Estimate to Complete (ETC) bezeichnet den geschätzten Restaufwand. In unserem Beispiel werden vom Kontrolltermin aus gesehen für die Durchführung der noch nicht erledigten Aufgaben des Projekts voraussichtlich weitere 55.952 € (ETC = EAC – ACWP = 119.152 € – 63.200 €) anfallen.

Estimated Time to Completion

Estimated Time to Completion (ETTC) oder die geschätzte Projektlaufzeit gibt Auskunft darüber, wie lange das Projekt voraussichtlich insgesamt dauern wird. Zur Berechnung der Projektlaufzeit zum Kontrolltermin wird die ursprünglich geplante Projektdauer (SAC = 9 Wochen) durch die Termintreue – oder anders ausgedrückt den Schedule Performance Index – (SPI = 0,72) geteilt (ETTC = SAC / SPI). Daraus ergibt sich eine geschätzte Projektlaufzeit von 12,5 Wochen, oder anders ausgedrückt: Das Projekt wird 3,5 Wochen länger benötigen als ursprünglich geplant. Auch diese Schätzung kann je nach den aktuellen Rahmenbedingungen optimistisch oder pessimistisch variiert werden.

Neben den bisher dargestellten Kennzahlen gibt es im Rahmen der EVA eine Reihe weiterer Kennzahlen für die Projektfortschrittskontrolle und -prognose, auf die wir aus Platzgründen nicht eingehen können. Hilfreiche Übersichten finden sich in [Webb 2003] und [Wilkens 1999].

3 Beitrag der Earned-Value-Analyse zum Multiprojektmanagement

Multiprojektmanagement (MPM) ist die Planung, Steuerung und Kontrolle verschiedener parallel durchgeführter Projekte, zwischen denen so hohe inhaltliche, zeitliche, personelle und finanzielle Abhängigkeiten bestehen, dass eine übergeordnete Koordination notwendig wird. Lomnitz beschreibt die »Steuerung der Projektelandschaft – Controlling und Reporting« als eine der Kernaufgaben des MPM [Lomnitz 2004]. Dabei geht es darum, den Stand der einzelnen Projekte im Hinblick auf den inhaltlichen Fortschritt, Zeit, Kapazitäten und die Budgetentwicklung zu ermitteln und die daraus resultierenden Auswirkungen für die Gesamtheit der Projekte in dem betreffenden Unternehmen transparent zu machen.

Gemünden und Dammer identifizierten im Rahmen einer qualitativen Untersuchung zum MPM in 16 deutschen Großunternehmen im Jahr 2004 vier Problembereiche des MPM [Gemünden & Dammer 2004]. Das Problem »fehlende Informationen über die Projektelandschaft« wurde von den 31 Befragungsteilnehmern am häufigsten genannt. Das bedeutet, dass die Informationsqualität über die gesamte Projektlandschaft von vielen Befragten als unzureichend angesehen wird. Gründe hierfür sind unter anderem die häufig heterogene Informationsdarstellung, fehlende unternehmensweite Standards, zu wenige unterstützende Automatismen bei der Informationskonsolidierung, fehlende Integration von IT-Systemen und fehlende Prozesse zur Informationsverteilung und Ausarbeitung.

Im Folgenden werden wir erörtern, welchen Beitrag die EVA zu den Kernaufgaben des MPM leisten und inwiefern sie helfen kann, die Probleme des MPM zu bekämpfen.

Die EVA liefert Kennzahlen, mit denen sich unterschiedliche Projekte im Hinblick auf den Fertigstellungsgrad, die Kosten- und Termintreue charakterisieren lassen. Das bedeutet, dass die EVA eine Einordnung verschiedener Projekte im Hinblick auf drei zentrale Projektziele (Leistung, Kosten und Zeit) erlaubt.

Im MPM ist es üblich, Portfolios zu verwenden, um einen Überblick über die Projektlandschaft zu ermöglichen [Lomnitz 2004]. Hirzel schlägt Portfolios vor, mit deren Hilfe das MPM unterstützt werden kann [Hirzel 2002]. Wir greifen diese Vorschläge auf, wandeln die Bezeichnungen und Dimensionen der Portfolios aber etwas ab.

Das Projektstatus-Portfolio (vgl. Abb. 4) gibt einen Überblick über den Status aller Projekte, die im Rahmen des MPM betrachtet werden. Als Dimensionen zur Einteilung der Projekte bieten sich die aktuelle Kosten- und die Terminsituation der Projekte an.

Die Ordinate des Projektstatus-Portfolios beschreibt, ob die Projekte über oder unter den Plankosten liegen. Die Abszisse kennzeichnet die Terminsituation der Projekte. Zur Einordnung der Projekte in die verschiedenen Quadranten können der Cost Performance Index (CPI) zur Kennzeichnung der aktuellen Kostensituation und der Schedule Performance Index (SPI) zur Kennzeichnung der aktuellen Terminsituation verwendet werden.

Die einzelnen Projekte können im Portfolio durch unterschiedlich große Kreise dargestellt werden. Als Kriterien bieten sich hier z.B. die Projektgröße, ausgedrückt in Personenmonaten, oder die strategische Relevanz der Projekte für das Unternehmen an. Dies ermöglicht den Verantwortlichen für das Multiprojektmanagement, kritische Situationen in für das Unternehmen strategisch relevanten Projekten von »Schieflagen« in weniger bedeutenden Projekten zu unterscheiden.

Eine weitere Möglichkeit ist, die Projekte durch unterschiedliche Füllstände der Kreise zu beschreiben. Die Füllstände repräsentieren den zeitlichen Fortschritt der Projekte. Zur Bestimmung dieser Größe kann das Verhältnis von bereits abgelaufener Dauer zur geplanten Gesamtdauer des Projektes verwendet werden. Dies kann als Indikator dafür verwendet wer-

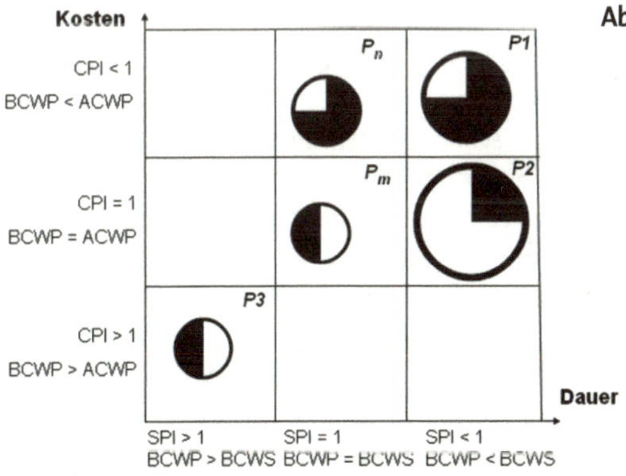

Abb. 4: Projektstatus-Portfolio

den, welche Möglichkeiten dem MPM verbleiben, um noch rechtzeitig vor dem geplanten Projektende steuernd einzugreifen.

Unser in Abschnitt 3 beschriebenes Projekt ist in Abbildung 4 als P1 gekennzeichnet. Es befindet sich im rechten oberen Quadranten. Das bedeutet, dass die Istkosten über den Plankosten liegen, dass das Projekt den Zeitplan bisher nicht einhalten konnte und nur noch eine kurze Zeit zum Gegensteuern bleibt. Das Projekt wird wahrscheinlich weder im Zeitplan noch im Budget fertiggestellt werden können.

Das (bisher nicht erwähnte) Projekt P2 hat einen größeren Umfang als P1. Es ist zwar ebenfalls langsamer als geplant, die Istkosten entsprechen zum Kontrolltermin aber den Plankosten. Der Füllstand zeigt, dass die Projektzeit erst zu ca. einem Viertel verstrichen ist, sodass sich in diesem Projekt noch Möglichkeiten zum Gegensteuern bieten.

Das (bisher ebenfalls nicht erwähnte) Projekt P3 ist schneller und günstiger als geplant. Es könnte erwogen werden, Ressourcen aus diesem Projekt abzuziehen, um damit andere Projekte zu unterstützen.

Portfolios ermöglichen einen groben Überblick über die Gesamtsituation in einer Multiprojektumgebung. Sofern genauere Angaben gewünscht werden, bieten sich tabellarische Darstellungen an, in denen Zeit- und Kostenüberziehungen der einzelnen Projekte sowie die Gesamtbelastung des Unternehmens numerisch dargestellt werden können [Kütz 2005, S. 197 f.; Hirzel 2002, S. 170 f.].

Die EVA ermöglicht einen Gesamtüberblick über den inhaltlichen Fortschritt, die Termintreue und Budgetausschöpfung der einzelnen Projekte in einer Multiprojektumgebung. Wird die EVA in allen Projekten durchgeführt, ermöglicht das eine homogene Darstellung relevanter Kennzahlen über die gesamte Projektlandschaft. Den zu Beginn dieses Abschnitts erwähnten und von vielen Verantwortlichen beklagten »fehlenden Informationen über die Projektelandschaft« kann so wirksam vorgebeugt werden. Da mittlerweile fast alle modernen Projektmanagement-Softwarewerkzeuge Funktionen zur Unterstützung der EVA anbieten, ist die Durchführung der EVA auch nur mit unerheblichem Mehraufwand verbunden. Werden die mithilfe der EVA ermittelten Kennzahlen von den für das MPM verantwortlichen Fach- und Führungskräften regelmäßig überprüft, eröffnet das die Möglichkeit, bei Fehlentwicklungen rechtzeitig gegenzusteuern.

4 Voraussetzungen und Grenzen des Projektcontrollings mit der Earned-Value-Analyse

4.1 Voraussetzungen für den Einsatz

Niemand, Riedrich und Bretz [Niemand et al. 2003] empfehlen, die EVA nur in Projekten durchzuführen, die ein Budget von mehr als 25 Mio. € und eine Laufzeit von mindestens zwei Jahren haben. Im Gegensatz dazu liegen uns Aussagen von vielen Projektverantwortlichen vor, die die Durchführung der EVA auch in deutlich kleineren Projekten für sinnvoll halten. Aus unserer Sicht ist die Projektgröße kein Kriterium für die Anwendung der EVA, da sich diese ohne nennenswerten Mehraufwand durchführen lässt, sofern eine hinreichend genaue Termin- und Budgetplanung vorliegt.

Die EVA kann allerdings nur dann sinnvoll eingesetzt werden, wenn eine vollständige und ausführliche Projektstruktur-, Termin- und Budgetplanung für das Projekt durchgeführt wurde. Teilaufgaben, deren Endtermine sowie der jeweilige Ressourcenverbrauch müssen genau geplant und dokumentiert worden sein. Dies schließt insbesondere eine detaillierte und realistische Aufwandsschätzung ein.

Zu welchem Zeitpunkt im Projektverlauf kann die EVA zum ersten Mal zweckmäßig durchgeführt werden? Einerseits muss eine gewisse Zeit verstrichen sein, damit die Eingangsgrößen der Analyse eine ausreichende Aussagekraft haben. Andererseits sollte die EVA nicht zu spät durchgeführt werden, da sonst die Möglichkeiten zum Gegensteuern bei Fehlentwicklungen zu begrenzt sind. Als Faustregel gilt: Aussagekräftige Kennzahlen lassen sich bereits nach 10 bis 20 % der Projektlaufzeit ermitteln.

Die Durchführung einer EVA ist insbesondere in größeren Projekten ohne Werkzeugunterstützung praktisch kaum möglich. Allerdings bieten mittlerweile fast alle modernen Projektmanagement-Softwarewerkzeuge Funktionen zur Unterstützung der EVA an.

Während der Projektlaufzeit müssen alle Mitarbeiter kontinuierlich die für die einzelnen Teilaufgaben des Projektes benötigten Zeiten dokumentieren. Sinnvollerweise sollten diese Angaben unmittelbar in das Werkzeug eingegeben werden, mit dem die EVA unterstützt wird. Andernfalls muss eine automatische Datenübernahme zwischen dem Zeiterfassungssystem und dem Projektmanagementwerkzeug gewährleistet sein.

Eine besondere Herausforderung ist die realistische Abschätzung der bereits erbrachten Leistung von Teilaufgaben, die noch nicht vollständig fertiggestellt sind.

4.2 Grenzen des Einsatzes

EVA lässt sich nicht oder nur mit Schwierigkeiten durchführen, wenn

- es keine vollständige und detaillierte Projektplanung gibt,
- umfangreiche Teilaufgaben definiert wurden, die über einen großen Teil der Projektlaufzeit reichen,
- Termine häufig nicht eingehalten oder verschoben werden,
- Projektfortschritte nicht korrekt gemeldet werden, d.h., dass erreichte Ergebnisse der Teilaufgaben nicht präzise beschrieben sind,
- Mitarbeiter Aktivitäten »auf das Projekt buchen«, welche gar nicht zum Projekt gehören,
- es keine durchgängige Unterstützung durch Projektmanagement-Software gibt (z. B. weil das Zeiterfassungssystem nicht mit der Projektmanagement-Software integriert ist).

Zusammenfassend bietet EVA ...

- ein umfassendes Kennzahlensystem zur Projektfortschrittskontrolle und -prognose,
- die Möglichkeit, Zeit-, Kosten- und Leistungsabweichungen in einer Darstellung zusammenzufassen,
- die Möglichkeit, Projekte unterschiedlicher Größe miteinander zu vergleichen,
- einfache Indikatoren für Projektleiter, Mitglieder von Projektlenkungsausschüssen und Multiprojektmanager,
- eine nachvollziehbare Grundlage für die Prognose des weiteren Projektverlaufs, und damit
- ermöglicht sie ein Frühwarnsystem für Fehlentwicklungen in einem oder mehreren Projekten.

5 Literatur

[Fleming & Koppelman 2005] *Fleming, Quentin W.; Koppelman, Joel M.:* Earned Value Project Management. 3rd ed., Project Management Institute, Atlanta, 2005.

[Gemünden & Dammer] *Gemünden, Hans Georg; Dammer, Henning:* Multiprojekt-Management in Großunternehmen. Ergebnisse einer qualitativen Untersuchung. Vortragsunterlagen Wien, 16.11.2004.

[Hirzel 2002] *Hirzel, Matthias:* Controlling des Projekteportfolios auf Basis der Arbeitswertanalyse. In: Hirzel, Matthias; Kühn, Frank; Wollmann, Peter (Hrsg.): Multiprojektmanagement – Strategische und operative Steuerung von Projekteportfolios. Frankfurter Allgemeine Buch, Frankfurt am Main, 2002, S. 166-174.

[Kütz 2005] *Kütz, Martin:* IT-Controlling für die Praxis. Konzeption und Methoden. dpunkt.verlag, Heidelberg, 2005.

[Lomnitz 2004] *Lomnitz, Gero:* Multiprojektmanagement – Projekte erfolgreich planen, vernetzen und steuern. Moderne Industrie, Frankfurt am Main, 2004, S. 31.

[Niemand et al. 2003] *Niemand, Stefan; Riedrich, Timo; Bretz, Kay G.:* Earned Value-Management: Effiziente Steuerung großer Entwicklungsprojekte. In: ZfCM – Die Zeitschrift für Controlling & Management, Nr. 5, 2003, S. 324-330.

[OGC 2006] *Office of Government Commerce (OGC):* Managing Successful Projects with PRINCE2 Manual 2006. 3. Aufl., The Stationery Office (TSO), 2006.

[PMI 2004a] *Project Management Institute (PMI):* A Guide to the Project Management Body of Knowledge (PMBOK Guide). 3rd ed., PMI, Atlanta, 2004.

[PMI 2004b] *Project Management Institute (PMI):* Practice Standard for Earned Value Management. Project Management Institute, Newtown Square, PA, 2004.

[Schreckeneder 2005] *Schreckeneder, Berta C.:* Projektcontrolling. Projekte überwachen, steuern und präsentieren. 2. Aufl., Rudolf Haufe Verlag, Freiburg, 2005.

[V-Modell XT 2004] V-Modell XT (Version 1.2.0) Bundesrepublik Deutschland 2004.

[Webb 2003] *Webb, Alan:* Using Earned Value: A Project Manager's Guide. Gower Pub. Co, Burlington, 2003.

[Wilkens 1999] *Wilkens, Tammo T.:* Earned Value, Clear and Simple. o.O. 1999, *www.acq.osd.mil/pm/old/paperpres/wilkins_art.pdf*; Zugriff am 20. 11. 2006.

Weitere Hinweise auf Literatur und relevante Websites zur Earned-Value-Analyse finden sich unter *www.earned-value-analyse.de.*

Univ.-Prof. Dr. Dirk Stelzer
Dipl.-Math. Winfried Bratfisch
TU Ilmenau
FG Informations- und Wissensmanagement
Postfach 100565
98684 Ilmenau
{dirk.stelzer, winfried.bratfisch}@tu-ilmenau.de
www.wirtschaft.tu-ilmenau.de/im/

Ulrike Baumöl

Business-IT-Alignment durch Projektportfolio-Management und -Controlling

Business und IT sind nicht zu trennen. Das ist die zentrale Aussage bei dem vorgestellten Ansatz zum Projektportfolio-Management und -Controlling. Ein systematisches Projektportfolio-Management (PPM) und -Controlling (PPC), das nicht zwischen dem Fachbereich und der Informatik unterscheidet, leistet einen wesentlichen Beitrag zum Business-IT-Alignment. Die Managementdimension dient dabei einerseits in der mittel- bis langfristigen Perspektive der Unterstützung der Strategieumsetzung. Andererseits erfüllt sie in der kurzfristigen Perspektive die Funktion eines operativ-taktischen Führungsinstruments für den Projekterfolg und muss hier die Kalender- sowie die Projektportfolio-Gesamtsicht zur Verfügung stellen. Kritische Erfolgsfaktoren des Projektportfolio-Managements und -Controllings sind erstens der durchgängige Informationsfluss zwischen Linien- und Projektorganisation, zweitens eine Prozessarchitektur, die sowohl die strategische als auch die operativ-taktische Perspektive berücksichtigt, und drittens der abgestimmte Einsatz der Steuerungsinstrumente sowohl im Fach- als auch im IT-Bereich, um die unterschiedlichen Restriktionen (z.B. Jahresabschlüsse auf der Fachseite und Releasetermine auf der IT-Seite) angemessen berücksichtigen zu können. Der vorliegende Beitrag untersucht das PPM als Bestandteil der Unternehmensführung und systematisiert die Erfolgsfaktoren von PPM sowie PPC. Die Ansätze basieren auf einem in der Praxis erprobten Lösungsansatz, mit dem ein Projektportfolio von ca. 50 Projekten im Finanzdienstleistungsbereich gesteuert worden ist.

Inhaltsübersicht

1 Projektportfolio-Management als Bestandteil der Unternehmensführung

Projekte sind die zentralen Treiber zur Umsetzung von Veränderungen im Unternehmen [Österle 1995, S. 23-24]. Die Umsetzung der Unternehmensstrategie hängt wesentlich von der richtigen Auswahl der Projekte und ihrer erfolgreichen Umsetzung ab.

Damit Projekte zielgerichtet ausgewählt, aufgesetzt und gesteuert werden können, muss ein entsprechender Management- und Controlling-Mechanismus etabliert werden, der auf die Umsetzung der Strategie fokussiert. Eine zusätzliche Dimension der erfolgreichen Strategieumsetzung ist das Business-IT-Alignment, also die Abstimmung der Geschäfts- mit der Informationstechnologie-Strategie [Luftman & Brier 1999]. Da in einem typischen Projektportfolio heute nahezu alle Projekte einen hohen IT-Anteil haben, erfolgt im vorliegenden Beitrag keine Aufteilung in Business- bzw. IT-Projekte. Damit stehen solche Projekte und Projektportfolios im Vordergrund, die eine Umsetzung der fachlichen Anforderungen durch eine oder mehrere Applikationen zum Ziel haben, also dem Business-IT-Alignment dienen.

Unter Unternehmensführung werden hier sämtliche Aktivitäten zur Steuerung eines komplexen Systems aus sozialen und technologischen Komponenten zusammengefasst. Die Zielsetzung bei der Steuerung dieser »Organisation« sind das »going concern« und die Gewinnerzielung. Basierend auf den Ansätzen von [Picot et al. 2002, S. 1-25] sowie [Müller-Stewens & Lechner 2003, S. 543-565] hat die Unternehmensführung also die Problemstellungen zu lösen, die sich aus den Anforderungen zur Koordination der Systemelemente ergeben sowie durch das »Motivationsproblem« bei der Erfüllung der unternehmerischen Zielsetzungen entstehen.

Das PPM als Teil der Unternehmensführung wirkt als Koordinations- und Steuerungsmechanismus zwischen den Systemelementen sowie den Projekten. Das PPC versorgt das PPM mit Informationen als Entscheidungsgrundlage und definiert die Maßnahmen und Mechanismen, mit denen die Informationen erhoben werden. Somit entsteht eine klare Trennung zwischen Management- und Controlling-Aufgaben [Reichmann 2006, S. 11-14].

Zum gemeinsamen Begriffsverständnis werden nachfolgend aufgeführte Definitionen von »Projekt«, »Programm« und »Projektportfolio« zugrundegelegt. Ein *Projekt* ist gemäß der DIN 69901 (vgl. [Deutsches Institut für Normung 1987]) ein Vorhaben, das

- sich durch die *Einmaligkeit der Bedingungen* auszeichnet, d. h. *klare Zielvorgaben* hat,
- über eine begrenzte *Zuteilung an Ressourcen* (z. B. Zeit, Material, Personal) verfügt,
- sich gegenüber anderen Vorhaben *eindeutig abgrenzen* lässt und
- über eine *spezifische Organisation* verfügt, die sich von der im Unternehmen etablierten Linienorganisation unterscheidet.

Im vorliegenden Beitrag wird von einem »Projekt« gesprochen, wenn die Kriterien der DIN 69901 erfüllt sind und das Projekt aufgrund der Dimensionen »Zielsetzung«, »Zeit« und »Budget« nicht in der Linienorganisation umgesetzt werden kann.

Die Steuerungshebel für ein Projekt sind dessen inhaltliche Abgrenzung (»scope«) und die daraus abgeleiteten fachlichen Anforderungen (»business requirements«), weil sich im Zeitablauf Änderungswünsche ergeben können (»moving target«), die abzubilden oder abzulehnen sind. Darüber hinaus sind das verfügbare Projektbudget bzw. die verfügbaren Ressourcen und die Planung der Meilensteine wirksame Steuerungshebel.

Ein *Programm* stellt eine Zusammenfassung von inhaltlich eng miteinander zusammenhängenden Projekten dar. Die Organisation des Programms ist in der Regel auf die Nutzung von Synergien ausgelegt, und die Teilprojekte werden unter einer gemeinsamen Programmorganisation geführt. Die Steuerungshebel für ein Programm sind jeweils die Aggregationen der Teilparameter für die Projekte, also z. B. das Gesamtbudget, die gesamtheitlich verfügbaren Ressourcen und die aufeinander abgestimmten fachlichen Anforderungen.

Ein *Projektportfolio* ist ein Bündel von Programmen und Projekten, die einer gemeinsamen Zielsetzung dienen, aber aufgrund des Umfangs der Projektdomäne, der Zielsetzungen und Aufgaben in mehrere in sich abgeschlossene Teile, d. h. Programme bzw. Projekte, unterteilt werden [Artto 2001, S. 8]. Während ein Programm inhaltlich auf ein Vorhaben fokussiert ist, kann ein Projektportfolio z. B. mehrere Divisionen eines Unternehmens, also z. B. die Fachsponsorbereiche der Informatik, umfassen. Die Organisation auf Programm- und Projektebene des Projektportfolios ist im Normalfall unabhängig voneinander.

Die Steuerungshebel für das Projektportfolio leiten sich aus den Parametern des Unternehmensbereichs ab, der das Projektportfolio verantwortet, bzw. zusätzlich aus den verfügbaren Ressourcen der weiteren betroffenen Unternehmensbereiche. Hier steht die Frage im Vordergrund, ob die Organisation in der Lage ist, das Projektportfolio umzusetzen. Die Steuerung erfolgt also durch das Budget des Unternehmensbereichs, durch die verfügbaren Ressourcen aller beteiligten Einheiten sowie die organisatorischen und technischen Voraussetzungen für die Umsetzung der Portfolioziele. In Bezug auf die organisatorischen Voraussetzungen muss vor allem die »Reife« der Organisation, eine bestimmte Lösung zu »leben« (z. B. gemessen an der Qualität der Prozesse), überprüft werden. Bei den technischen Voraussetzungen handelt es sich z. B. um die Betreibbarkeit einer Lösung durch die Informatik. Durch die Abstimmung der fachlichen Anforderungen mit den technischen Lösungen kann das PPM einen wesentlichen Beitrag zum Business-IT-Alignment leisten.

Die Kenntnis und Anwendung der Steuerungshebel sind grundlegende Erfolgsfaktoren für das PPM und PPC. Ein Instrumentarium zur erfolgreichen Steuerung des Projektportfolios wird im folgenden Kapitel diskutiert.

2 Instrumentarium für das Projektportfolio-Management und -Controlling

Der Informationsfluss zwischen der Linien- und der Projektorganisation ist ein wichtiger Erfolgsfaktor für das PPM. Mit einem systematisch geplanten Informationsfluss wird sichergestellt, dass die Aktivitäten und Ergebnisse des Projektportfolios mit den Unternehmenszielen abgestimmt bleiben, und das auch, wenn es Veränderungen im Kontext durch das Tagesgeschäft gibt. Nachfolgend wird ein pragmatisches Modell vorgeschlagen, das dazu dient, den Informationsfluss im Sinne des Informationsmanagements systematisch zu gestalten und auf die drei Dimensionen »Entscheider«, »Organisation« und »Applikationsarchitektur« abzustimmen.

Die Definition einer Prozessarchitektur für das PPM und PPC, die den Anforderungen aus einer strategischen und einer operativen Perspektive gerecht wird, dient als Grundlage für das einzusetzende Instrumentarium.

Schließlich kann auf Basis des Informationsmanagementmodells und der Prozessarchitektur ein Instrumentarium abgeleitet werden, das die Anforderungen sowohl aus dem Fachbereich als auch der IT berücksichtigt und sie im Sinne eines Business-IT-Alignment aufeinander abstimmt.

2.1 Koordination durch Informationsmanagement zwischen Linien- und Projektorganisation

Eine effektive Koordination zwischen Linien- und Projektorganisation ist wichtig, birgt aber auch Risiken, wenn die Vernetzung zu eng wird. Es kann z. B. zu Verzögerungen kommen, wenn das Projekt auf Entscheidungen aus der Linie Rücksicht nimmt oder versucht, kurzfristige Gegebenheiten aus dem Tagesgeschäft im Projekt abzubilden.

Die Koordination von Linien- und Projektorganisation sollte mit Blick auf folgende Punkte erfolgen, und gleichzeitig sollte eine »lose Kopplung« mit klaren Teilergebnissen angestrebt werden, damit die zuvor genannten Risiken vermieden werden können:

Veränderungen im Tagesgeschäft: Die Arbeit in einer Projektorganisation kann durch den Fokus auf die Erreichung der am Projektbeginn gesetzten Meilensteine stark vom Tagesgeschäft entkoppelt sein. So besteht das Risiko, dass Entwicklungen und veränderte Anforderungen, z. B. die Änderung einer regulatorischen Vorschrift, nicht rechtzeitig in die Projektarbeit integriert werden.

Veränderungen durch die Projektarbeit: Entscheidungen und Ergebnisse im Verlaufe eines Projekts können einen unmittelbaren Einfluss auf das Tagesgeschäft haben. Aus diesem Grund müssen diese Effekte rechtzeitig mit der Linienorganisation abgestimmt und, auch im

Sinne eines organisationalen Change Management, propagiert werden. Ein Beispiel ist die Veränderung an einer Schnittstelle zwischen dem Portfolio-Managementsystem eines Vermögensverwalters und dem Wertschriftenbuchhaltungssystem, die beide für die Verwaltung der Wertschriften genutzt werden. Diese Änderung hat zur Folge, dass eine gegenseitige Konsolidierung der Wertschriften nicht mehr unterstützt wird. Um dies zu umgehen, müssten die Portfoliomanager eigentlich nur noch ein System für die Eingabe ihrer gehandelten Wertschriften nutzen, was aber eine Änderung des Administrationsprozesses zur Folge hätte.

Eine systematische Koordination kann nur etabliert werden, wenn ausgehend von den informationsnutzenden Entscheidern (Dimension »Individuum«: Portfoliomanager einerseits und Linienmanager andererseits) die beiden informationsproduzierenden Dimensionen »Organisation« und »Applikationsarchitektur« entsprechend ausgerichtet werden.

Diese drei Dimensionen werden nachfolgend in einem Modell zusammengeführt, das zum einen eine strukturierte Definition der Dimensionen unterstützt und zum anderen die Dimensionen durch definierte Übergänge in Verbindung setzt (Abb. 1).

Die Informationsbedarfsanalyse [Küpper 2001, S. 145] spielt eine zentrale Rolle bei der Sicherstellung der Informationslogistik. Der Informationsbedarf für die Abstimmung von Linien- und Projektorganisation ergibt sich zum einen aus den Zielen der Linienaufgabe und zum anderen aus denen des Projektportfolios. Die Deckung des Informationsbedarfs erfolgt aus den Informationen, die durch die internen und externen Quellen der Aufbau- und Ablaufstruktur der Organisation sowie durch das (Controlling-)Instrumentarium zur Verfügung gestellt werden können [Reichmann 2006, S. 10]. Im vorliegenden Fall stammen die Informationen für die Linienmanager aus der im Unternehmen eingesetzten Balanced Scorecard und für den Portfoliomanager aus SAP (Istkosten) sowie dem Projektportfolio-Managementwerkzeug, das auf einer Monatsbasis den Status der Projekte (z. B. Budget, Zielerreichung, Risiken) erhebt. Auf Basis der Anforderungen, die aus der Dimension »Individuum« definiert wurden, sind diese Daten zu ermitteln und aufzubereiten.

Aus technischer Sicht ist die Applikationsarchitektur die Quelle der benötigten Rohdaten und damit die Basis für die darauf aufbauende Informationserzeugung durch Aggregations- und Dekompositionsprozesse (z. B. [Dern 2003, S. 16-19]). Als Beispiel kann hier eine Architektur aus entsprechenden SAP-Modulen (z. B. SEM-BPS, SAP-BW), dem genannten Projektportfolio-Managementwerkzeug (z. B. aus der Mercury-Suite) und Microsoft-Office-Produkten dienen. Die drei Dimensionen werden durch spezifische Instrumente in den Übergängen miteinander verbunden: Der Zusammenhang zwischen »Entscheider« und »Organisation« wird z. B. durch eine Analyse der Entscheidungssituation hergestellt, die die Fragestellung bearbeitet, unter Beachtung welcher internen und externen Restriktionen welche Fragestellung beantwortet werden soll. Die Verbindung von »Entscheider« zur »Applikationsarchitektur« erfolgt z. B. durch eine Analyse der individuellen Anforderungen an die zur Verfügung gestellte Funktionalität, bei der festgelegt wird, über welches Medium und mit welcher Frequenz die Informationen für das PPM und PPC bereitzustellen sind. »Organisation« und »Applikationsarchitektur« werden schließlich verbunden durch das Business Requirements Engineering, das die funktionalen und nicht funktionalen Anforderungen erhebt und dokumentiert. Auf diese Weise entsteht eine effiziente Informationsbasis, die den Entscheidungsprozess im PPM unterstützen kann.

2.2 Prozessarchitektur für das Projektportfolio-Management und -Controlling

PPM ist, geht es nach der verfügbaren Literatur (vgl. z. B. [Rietiker 2006]), eine bereits etablier-

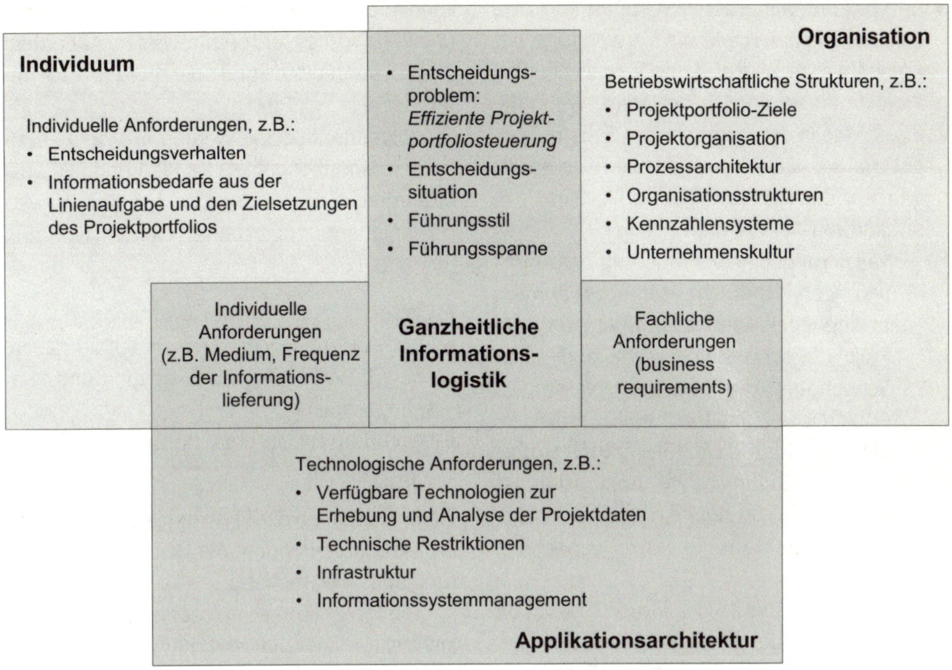

Abb. 1: Modellierung einer systematischen Informationslogistik für das PPM

te Disziplin, die sich aber, wenn man den Grad der Umsetzung in Unternehmen betrachtet, auch heute noch einigen Herausforderungen ungegenübersieht. Im Rahmen einer Studie wurde anhand von ausgewählten Prozessen der Status quo des PPM untersucht [de Reyck et al. 2005, S. 524-537]. Die Autoren der Studie haben die Umsetzung von PPM-Prozessen in 34 Unternehmen analysiert und dabei festgestellt, dass die Umsetzung von einzelnen Prozessen, wie z. B. die Steuerung einer zentralen Gesamtsicht, eine finanzielle Analyse des Projektportfolios oder ein Risikomanagement, bereits umfassend erfolgt ist. Lücken finden sich aber vor allem bei den übergreifenden Planungs- und Controlling-Prozessen und der Etablierung einer Governance. Die Planungs- und Controlling-Prozesse sind die Grundlage für die richtige Ausrichtung des Projektportfolios und die Überwachung bzw. Steuerung des Erfolgs. Einige Ansatzpunkte dazu auf Basis des zugrundeliegenden Falls lassen sich wie folgt zusammenfassen:

- Direkte Ableitung der Projektziele aus der Unternehmensstrategie, damit eine klare Ausrichtung auf die Unternehmensziele erfolgt.
- Priorisierung der Projekte im Portfolio anhand ihres Beitrags zur Strategie und aufgrund ihrer Abhängigkeiten untereinander, sodass Wartezeiten vermieden werden.
- Zentrale Planung des gesamten Portfolios, um Aktivitäten mit gleichen oder ähnlichen Zielen in unterschiedlichen Projekten zu vermeiden und Synergien zu nutzen. Die Programm- oder Projektsteuerung kann dann trotzdem dezentral erfolgen, muss aber dennoch bei Abhängigkeiten aus einer übergeordneten Sicht unterstützt werden.
- Übergreifendes Kosten-Controlling der Projekte, um die Entwicklung der Kosten zu verfolgen und proaktiv Steuerungsmaßnahmen ergreifen zu können.

- Erfolgs-Controlling der Projekte im Portfolio, um die Qualität sowie die Verwendung der Ergebnisse zu überprüfen. Oftmals werden Projekte als erfolgreich deklariert, wenn die Ergebnisse in der vorgesehenen Zeit, im Budget und gemäß dem Anfangsauftrag erfüllt wurden. Die Projektnachkontrolle kann z. B. anhand von vier Faktoren erfolgen:
  - Validierung: Eine Veränderung der Anforderungen, z. B. durch gesetzliche Rahmenbedingungen, kann dazu führen, dass die Projektergebnisse nicht mehr valide sind.
  - Verwendung der Projektergebnisse: Die erfolgreiche Erstellung eines Projektergebnisses führt nicht automatisch zu dessen Verwendung. Eine Applikation ist möglicherweise zwar eingeführt und abgenommen, doch die Nutzer verwenden sie nicht.
  - Betriebskosten: In der Projektkalkulation werden in der Regel Betriebskosten geschätzt, die es im späteren Betrieb zu verifizieren gilt. Zu diesem Themenkreis gehört z. B. die Überprüfung, ob abzulösende Applikationen tatsächlich abgeschaltet wurden. Dieser Kostentreiber wird in der Regel nicht überprüft, und eine Ablösung alter Applikationen findet in vielen Fällen nicht statt, weil die Verantwortung und die entsprechende Planung für die tatsächliche Abschaltung fehlen.
  - Finanzieller Erfolg: Im Rahmen der Überlegungen zum Nutzen des Projekts (»business case«) erfolgt eine Schätzung der Einsparungen und zusätzlichen Erträge, die ebenfalls nachträglich überprüft werden muss.

Die Einbettung der Prozesse für das PPM und PPC in die Management- und Controlling-Prozesse des Unternehmens ist ein wichtiger Schritt für deren Wirksamkeit. Aufgrund der klaren Aufgabenteilung von Management (Steuerung) und Controlling (Überwachung), wie sie im vorliegenden Beitrag verfolgt wird, können die Prozesse ebenfalls in PPM-Prozesse und PPC-Prozesse unterteilt werden. Außerdem werden strategische und operative Prozesse unterschieden (vgl. Tab. 1).

Folgende Prozesse werden aus dem spezifischen Aufgabengebiet des PPM und PPC ausgeklammert, da sie der Domäne des Projektmanagements zugerechnet werden (vgl. z. B. [ISO 2003]):

- Umsetzung der Projekt-Governance
- Durchführung operativer Projektaufgaben, wie z. B. Meilensteinüberwachung und Phasen-Controlling
- Durchführung des organisatorischen Change Management

Zu den Aufgaben des PPM und PPC gehören alle projektübergreifenden Aktivitäten zur Steuerung und Überwachung.

Die Integration der Prozesse in die Prozessarchitektur des Unternehmens erfolgt durch die Zuordnung der strategischen PPM- und PPC-Prozesse zu den entsprechenden Management- und Controlling-Prozessen. Die strategischen Prozesse sind dadurch gekennzeichnet, dass sie den Umfang der verfügbaren Ressourcen festlegen bzw. verändern können. Die operativen Prozesse hingegen setzen auf den festgelegten Ressourcenvorgaben auf. Geht man von einer Unterteilung der Prozesse in Management-, Leistungs- und Unterstützungsprozesse[1] aus, sind die PPM- und PPC-Prozesse in die Managementprozesse einzuordnen. Eingangsgrößen sind alle Daten aus der Unternehmens- sowie Ergebnis- und Finanzplanung; Steuerungsobjekte sind Projekte und alle damit verbundenen Parameter. Die Ergebnisse aus dem PPM sollten wieder in die Unternehmens-, Ergebnis- und

1. Managementprozesse dienen der Unternehmensführung (z. B. Unternehmensplanung); Leistungsprozesse bilden die direkte Wertschöpfung zum Kunden ab (z. B. Produktion); Unterstützungsprozesse ermöglichen den reibungslosen Ablauf der indirekten Wertschöpfung (z. B. Personalverwaltung); vgl. [Österle 1995].

	strategisch	operativ
PPM-Prozesse	• Themenauswahl • Definition eines Modellportfolios, das den Idealzustand abbildet • Budgetfestlegung • Definition eines (realen) Ist-, Plan- und Ideen-Portfolios	• Steuerung der Projekt-Governance • Steuerung der projektübergreifenden Konsequenzen des organisationalen Change Management • Portfoliosteuerung mit Fokus auf Budget und Ressourcen • Umsetzung der Maßnahmen zum Risikomanagement • Steuerung und Umsetzung der Kontextveränderungen
PPC-Prozesse	• Definition der Maßnahmen zum Risikomanagement • Definition der Informationslogistik • Definition der Projekt-Governance	• Überwachung der Ressourcenauslastung und Budgetverwendung • Überwachung der Risiken und Wirksamkeit der Maßnahmen • Überwachung der Projekt-Governance • Überwachung der projektübergreifenden Ergebnisse des organisationalen Change Management

Tab. 1: PPM- und PPC-Prozesse

Finanzplanung eingehen, damit erstens die Planung kontinuierlich angepasst wird und zweitens ein Lernprozess sichergestellt ist.

2.3 Instrumente zur Steuerung, Koordination und Überwachung des Projektportfolios

Die Vernetzung der Anforderungen von Fachbereich und IT in einem Steuerungsinstrumentarium für das Projektportfolio ist ein Erfolgsfaktor für das Business-IT-Alignment. Erfolgt diese Abstimmung nicht, verfolgen die beiden Bereiche ihre spezifischen Zielsetzungen, die inkompatibel sein können. Die IT wird z. B. Einführungstermine für neue Applikationen mit Blick auf Wartungsarbeiten an der operativen Infrastruktur oder Releasetermine festlegen. Der Fachbereich definiert Einführungstermine z. B. im Hinblick auf Monats- oder Jahresendverarbeitungen und die Erstellung von Jahresabschlüssen. Gleichzeitig muss eine Rückkopplung zur strategischen und operativen Unternehmensplanung erfolgen, damit die Portfolioplanung auf die Entwicklungen abgestimmt bleibt.

Das vorgeschlagene Instrumentarium, das u.a. diese Problemstellung adressiert, lässt sich in drei Bereiche aufteilen: Für das PPM umfassen sie Steuerungs- sowie Koordinationsinstrumente und für das PPC vor allem Überwachungsinstrumente (vgl. Abb. 2).

Projektportfolio-Steuerung: Ein wichtiger Bestandteil der Portfoliosteuerung ist die gezielte Steuerung der Projekte durch festgelegte Projektphasen als Basis für Kontrollpunkte. Durch diese Teilsteuerung auf Projektebene (z. B. durch eine Initialisierungs- oder Konzeptphase), Phasenergebnisse (z. B. Projektantrag) und Parameter (z. B. Budgetausschöpfungsgrad) kann das Projektportfolio gleichzeitig mitgesteuert werden. Ein weiterer Aspekt der Steuerung ist die Aufteilung des Portfolios nach unterschiedlichen Steuerungssichten, z. B. »Reifegrad« oder zeitlichen Gesichtspunkten. In der Organisation sollte ein übergreifendes Project Office für die Portfoliosteuerung zuständig sein.

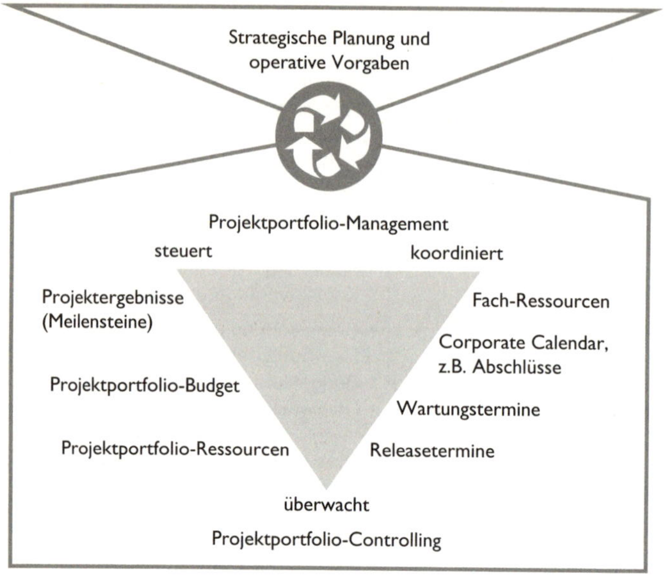

Abb. 2: Instrumentarium für ein mit der Organisation vernetztes PPM und PPC

Instrumentarium

Portfolio-Governance: Zusätzlich zu einer Steuerung auf Projekt- und Programmebene, oftmals mit Bezug zur »Corporate Governance« auch als »Projekt-Governance« bezeichnet, sollte es auch eine Portfolio-Governance geben. Die Portfolio-Governance aggregiert die Ergebnisse aus den Projekten bzw. Programmen und stellt so die übergreifende Ausrichtung auf das Ziel »Umsetzung der Unternehmensstrategie« sicher. Die Betrachtungsweise ist einerseits ex-ante, sodass zu den »vorausschauenden« Aufgaben der Portfolio-Governance z. B. die Überprüfung aller Projektanträge im Portfolio auf ihre Konformität mit den Gesamtzielen und die Abstimmung der Fachbereichs- und Informatik-Termine zählen. Mit der Governance kann andererseits aber auch eine Ex-post-Sicht eingenommen werden, indem durch sie z. B. die Umsetzung des »business case« überprüft wird. Elemente der Portfolio-Governance können z. B. sein:

- die dokumentierten strategischen Ziele sowie die Ableitung des Projektportfolios inklusive der definierten Ziele,
- eine Risikomatrix über alle Projekte, inklusive der Maßnahmen zum Risikomanagement,
- der Zielerreichungsgrad und
- das Gesamtbudget für das Portfolio z. B. mit den Kennzahlen »Budgetauslastungsgrad«, »Meilensteinerreichungsgrad« sowie »Ressourcenverfügbarkeit«.

Als wichtige Voraussetzung für eine erfolgreiche Portfolio-Governance müssen auch auf der Projektebene die Voraussetzungen geschaffen werden, damit eine übergeordnete Governance greifen kann. Dazu gehören u. a. folgende Punkte:

- Etablierung einer Projektorganisation, die das Bewusstsein dafür verbessert, dass Projekte keine Zusatzaufgaben neben dem Tagesgeschäft sein können, und so gleichzeitig den Freiraum für eine konzentrierte Projektarbeit schafft.
- Konsequenz bei der Dokumentation und Festlegung von Vorgaben, sodass eine zielorientierte Umsetzung erfolgen kann. Werden Vorgaben und Anforderungen nicht konsequent dokumentiert, ergeben sich permanente Diskussionen über das Ziel und den Umfang des Projekts.

Portfoliosichten: Mit diesem Instrument erfolgt eine Aufteilung des Gesamtportfolios nach dem Reifegrad der Elemente im Portfolio, wobei das Portfolio als Gesamtportfolio unter einem Gremium, d.h. in einem Verantwortungsbereich, geführt wird und die Teilportfolios Auszüge für unterschiedliche Entscheidungsprozesse darstellen:

- Das Ist-Portfolio umfasst Projekte, die im aktuellen Jahr laufen oder starten.
- Das Soll-Portfolio beinhaltet die bereits budgetierten, aber noch nicht gestarteten Projekte im Rahmen einer Mittelfristplanung (z.B. drei Jahre).
- Das Ideen-Portfolio bildet Projekte ab, die als Ideen diskutiert werden, aber noch nicht budgetiert sind oder noch keinen Anfangszeitpunkt haben.

Die Portfolios werden nach den Dimensionen Dringlichkeit und Wichtigkeit eingeteilt. Die Kriterien für die Zuordnung zur Dimension »Dringlichkeit« können z.B. sein:

- Auf welche Anforderungen (z.B. fachlich, regulatorisch, technisch) geht das Projekt ein, und wie kurzfristig müssen die Maßnahmen greifen?
- Wie verhält sich das Projekt in der Reihenfolge zu anderen Projekten (Priorisierung bzw. Reihenfolgeplanung)?
- Ist die zu entwickelnde Lösung eine Grundlage für andere Applikationen/Lösungen (auch im Sinne von »Workflows«)?
- Gibt es bereits spezifische (oder vage) Anforderungen aus dem Fachbereich?
- Gibt es bereits erkennbare (und relevante) Aktivitäten der Mitbewerber?
- Werden mit dem Projekt bereits bestehende Lösungen ergänzt/erweitert? Sind diese Erweiterungen kurzfristig erforderlich?

Die Kriterien für die Dimension »Wichtigkeit« können z.B. wie folgt zusammengefasst werden:

- Welche strategische Bedeutung hat das Projekt für das Unternehmen?
- Welche kritischen Erfolgsfaktoren werden direkt oder indirekt unterstützt?
- Welche Stärken und Chancen werden gefördert bzw. Schwächen und Gefahren behandelt?
- Wird eine Innovation im Fachbereich unterstützt?
- Trägt das Projekt zur Reduktion der Komplexität bei?
- Wird eine Kostenreduktion unterstützt?
- Wird eine regulatorische Anforderung umgesetzt?
- Sind Veränderungen an den Geschäftsprozessen bzw. der Organisationsstruktur erforderlich? Wie aufwendig sind diese Anpassungen?
- Passt die zu erstellende Applikation in die Applikationsarchitektur, und mit welchem Aufwand ist sie integrierbar?

Projektportfolio-Koordination: Das Ziel der Koordination ist die Abstimmung des »Projektkalenders« mit dem »Unternehmenskalender«, sodass das Projektportfolio ein auf den Fachbereich und die Informatik abgestimmten Meilensteinplan erstellen kann. Die Portfoliokoordination muss von dem zuständigen Entwicklungsbereich in Abstimmung mit den beteiligten Fachbereichen in einem gemeinsamen Managementgremium vorgenommen werden.

Instrumentarium

Big Picture: Zusammenfassung aller Projekte im Projektportfolio über ihre Gesamtlaufzeit mit dem Ziel, die folgenden Parameter zu überwachen:

- Ressourcenauslastung und -verteilung über die Gesamtlaufzeit der Projekte, z.B. um sich abzeichnende kurzfristige Ressourcenengpässe durch externe Mitarbeiter ausgleichen oder bei langfristigen Ressourcenengpässen rechtzeitig neue Mitarbeiter rekrutieren zu können.
- Entwicklung der Budgetauslastung des Portfolios über die Gesamtlaufzeit, um die Pla-

nung der jahresbezogenen Budgetsicht über die Projekte optimieren zu können.
- Zeitliche Abstimmung der Projekte untereinander mit Blick auf relevante Fachbereichs- und Informatik-Termine, z. B. um Terminkollisionen bei der Produktivsetzung oder beim Testen von Applikationen zu verhindern.

Projektportfolio-Überwachung: Die Überwachung des Portfolios ist neben der Definition geeigneter Maßnahmen, um Abweichungen zu steuern, die Hauptaufgabe des PPC. Dieser Bereich ist hauptsächlich durch die Definition und Analyse von Berichten gekennzeichnet. In diesen Berichten sind die wichtigen Planungstermine von Fachbereich und Informatik zusammenzuführen sowie die unterschiedlichen zeitlichen Sichten auf ein Projektportfolio abzubilden, insbesondere die Jahres- bzw. Budgetsicht und die Projektlaufzeitsicht. Zudem dient dieser Bereich als Basis für die Projektportfolio-Steuerung, indem es die relevanten Kennzahlen in Form von Berichten zusammenfasst. Die Portfolioüberwachung erfolgt idealerweise ebenfalls in einem gemeinsamen Gremium aus Fachbereich und Informatik, das häufiger zusammenkommen muss als das Koordinationsgremium, aber ebenfalls mit Entscheidungsträgern besetzt sein muss.

Instrumentarium

Überwachung ausgewählter Projekte: Hier können z. B. die fünf wichtigsten Projekte für das laufende Quartal anhand der folgenden Parameter zeitnah überwacht werden (»big five monitoring«):

- Erreichung der Meilensteine
- Budgetauslastungsgrad
- Ressourcenverfügbarkeit
- Ressourcenverteilung (sind die Personen mit den »kritischen«, d. h. knappen Fähigkeiten in den strategisch wichtigen Projekten eingesetzt)
- Einhaltung der definierten Zielsetzungen
- Entwicklung der Projektrisiken

Überwachung des Budgets: Mit diesem Instrument wird das Projektportfolio im Rahmen einer »Jahressicht«, also mit dem Fokus auf das laufende Budget (»portfolio budget monitoring«), überwacht. Die Zielsetzung ist eine optimale Ausnutzung einerseits des Jahresbudgets und andererseits des Projektbudgets über die gesamte Laufzeit. Hierbei stehen deshalb vor allem die Parameter »Budgetauslastungsgrad« und »Ressourcenauslastung« im Vordergrund.

3 Fazit

Ein angemessenes Projektportfolio-Management kann einen grundlegenden Beitrag zu einer flexiblen und erfolgreichen Unternehmensführung leisten. In den meisten Unternehmen spielt dabei das Business-IT-Alignment eine herausragende Rolle. Das liegt auf der einen Seite daran, dass nahezu jede Veränderung im Unternehmen eine Auswirkung auf die IT hat und umgekehrt. Auf der anderen Seite sind die Anpassungsgeschwindigkeiten von Organisationsstrukturen und der unterstützenden IT sehr unterschiedlich und müssen entsprechend koordiniert werden. Das bedeutet, dass das Management und Controlling des Projektportfolios immer sowohl den Fachbereich als auch die Informatik (wobei die Schwerpunkte mal im Fachbereich und mal in der Informatik liegen können) integrieren und gleichzeitig die Anforderungen bzw. Restriktionen der Linien- und der Projektorganisation aufeinander abstimmen sollten. Nur bei einer entsprechend ganzheitlichen Betrachtung kann das Projektportfolio-Management und -Controlling seine volle Wirksamkeit entfalten.

4 Literatur

[Artto 2001] *Artto, K. A.:* Management of project-oriented organization – conceptual analysis. In: Artto, K. A.; Martinsuo, M.; Aalto, T. (Hrsg.): Project Portfolio Management: Strategic Management through Projects. Project Management Association Finland, Helsinki, 2001, S. 5-22.

[Dern 2003] *Dern, G.:* Das Management von IT-Architekturen. Vieweg, Wiesbaden, 2003.

[Deutsches Institut für Normung 1987] *Deutsches Institut für Normung (Hrsg.):* DIN 69901: Projektwirtschaft, Deutsches Institut für Normung e.V., Berlin, 1987.

[de Reyck et al. 2005] *de Reyck, B.; Grushka-Cockayne, Y.; Lockett, M.; Calderini, S. R.; Moura, M.; Sloper, A.:* The impact of project portfolio management on information technology projects. In: International Journal of Project Management, Jg. 23, 2005, S. 524-537.

[ISO 2003] *International Organization for Standardization:* ISO 10006: Quality Management in Projects, 2003.

[Küpper 2001] *Küpper, H.-U.:* Controlling. 3. Aufl., Schäffer-Poeschel, Stuttgart, 2001.

[Luftman & Brier 1999] *Luftman, J.; Brier, T.:* Achieving and Sustaining Business-IT Alignment. In: California Management Review, Jg. 24, 1999, Heft 1, S. 109-122.

[Müller-Stewens & Lechner 2003] *Müller-Stewens, G.; Lechner, C.:* Strategisches Management. 2. Aufl., Schäffer-Poeschel, Stuttgart, 2003.

[Österle 1995] *Österle, H.:* Business Engineering. 2. Aufl., Springer-Verlag, Berlin et al., 1995.

[Picot et al. 2002] *Picot, A.; Dietl, H.; Franck, E.:* Organisation – Eine ökonomische Perspektive. 3. Aufl., Schäffer-Poeschel, Stuttgart, 2002.

[Reichmann 2006] *Reichmann, T.:* Controlling mit Kennzahlen und Managementberichten. 7. Aufl., Vahlen, München, 2006.

[Rietiker 2006] *Rietiker, S.:* Der neunte Schlüssel – Vom Projektmanagement zum projektbewussten Management. Bern, Haupt, 2006.

Univ.-Prof. Dr. Ulrike Baumöl
FernUniversität in Hagen
Lehrstuhl für Betriebswirtschaftslehre,
insbesondere Informationsmanagement
Eugen-Schmalenbach-Gebäude – ESG
Universitätsstr. 41
58097 Hagen
ulrike.baumoel@fernuni-hagen.de
www.fernuni-hagen.de/BIMA/

Bitte beachten Sie unsere Leserumfrage auf *http://hmd.dpunkt.de* und nehmen Sie an der Buchverlosung teil!

Vielen Dank fürs Mitmachen.

Ihre HMD-Redaktion

Aleksandra Sowa

IT-Revision in der Bankenpraxis

Die IT-Revision ist eine wichtige Erfolgsdeterminante eines Kreditinstituts, wenn auch immer noch nicht als solche anerkannt. Obwohl die Wirtschaftlichkeitsbewertung von IT-Investitionen bislang als Domäne des IT-Controllings galt, werden im Rahmen der Prüfungs- und Beratungstätigkeit auch durch die IT-Revision schon heute Ergebnisse und Informationen erzeugt, die die Geschäftsleitung bei der Steuerung der Bankaktivitäten unterstützen können. Die vielerorts als Belastung empfundenen aufsichtsrechtlichen Anforderungen werden als Chance gesehen, eine Mehrwerte schaffende IT-Revision als Teil des IT-Controllings zu etablieren.

Inhaltsübersicht

1 Begriffsabgrenzung

Infolge der ständig steigenden Durchdringung der Unternehmen mit IT müssen sowohl die IT-Revision als auch das IT-Controlling den wachsenden Ansprüchen genügen: das IT-Controlling als permanente Aufgabenstellung – entweder in die Organisation eingebunden oder als integraler Bestandteil von Prozessen – und die IT-Revision im Rahmen ihrer – prozessunabhängigen – Beratungs- und Prüfungstätigkeit.

1.1 IT-Controlling

IT-Controlling ist in der Bankenpraxis mit Unternehmensplanung und Kontrollen aller Aufgabengebiete – Produkte und Prozesse – der IT verbunden. Diese Funktion ist in den Kreditinstituten auf verschiedene Weise umgesetzt, meistens wird IT-Controlling mit der Entscheidungsvorbereitung für bestimmte Maßnahmen betraut und übernimmt die Kontrolle der getroffenen Entscheidung [Horváth & Rieg 2001]. Dabei richten sich die Aktivitäten des Controllings an dem Optimierungsprinzip aus, d. h., es muss sichergestellt werden, dass die gewählten Pläne für das Kreditinstitut optimal sind [Alisch et al. 1997]. Die Aufgaben des IT-Controllers beschränken sich jedoch nicht nur auf Kontrolle und Aufsicht. IT-Controlling sollte bei der Planung und Steuerung, der Gewinnung und Bereitstellung von Informationen und der Analyse von Abweichungen mitwirken und beraten. Dabei ist der Controller direkt in dem Tagesgeschäft tätig.

1.2 Rollenverständnis der modernen IT-Revision

Als Folge des gesetzlichen und bankenaufsichtlichen Paradigmenwechsels vollzog sich ein Wandel im Rollenverständnis der Revision. Die »neue« interne Revision und sogleich die ihr zugeordnete »neue« IT-Revision hat sich als Anbieterin von Prüfungs- und Beratungsleistungen zu einem »elementaren Bestandteil des Führungsprozesses« des Unternehmens entwickelt [Krumm 2006]. Während der IT-Controller direkt im Tagesgeschäft mitwirkt, sollte die IT-Revision unabhängig und nur indirekt tätig sein. Sie deckt auch nicht das Gesamtspektrum der IT ab, sondern konzentriert sich auf bestimmte, besonders risikobehaftete Gebiete [de Haas & Zerlauth 1995].

Die Grundlagen der IT-Revision bilden in erster Linie gesetzliche Vorschriften. Das Handelsgesetzbuch (HGB), das Gesetz zur Kontrolle und Transparenz im Unternehmensbereich (KonTraG) sowie das Bundesdatenschutzgesetz (BDSG) sind die wesentlichen gesetzlichen Grundlagen der Revision, insbesondere auch der IT-Revision [Wähner 2002]. Die darin enthaltenen Vorschriften zur formellen und materiellen Ordnungsmäßigkeit der Buchführung werden in der Rechtsnorm GoB – Grundsätze ordnungsmäßiger Buchführung – konkretisiert. Die Anforderungen an die Kontrollen, Regelungen und Maßnahmen, die der »Buchführungspflichtige« – also grundsätzlich jedes Kreditinstitut – umsetzen muss, um den Grundsätzen ordnungsmäßiger Buchführung beim Einsatz der IT zu genügen, wurden in den Grundsätzen ordnungsmäßiger DV-gestützter Buchführungssysteme (GoBS) festgelegt.

Die Mindestanforderungen an das Risikomanagement (MaRisk) der Bundesanstalt für Finanzdienstleistungsaufsicht (BaFin) dienen als Leitfaden für das Stufenmodell des »Supervisory Review Process«, der zweiten Säule von Basel II. Als solche definieren sie u.a. die aktuellen Aufgaben der Revision.

Generell hat die Revision risikoorientiert und prozessunabhängig die Wirksamkeit und Angemessenheit

- des Risikomanagements im Allgemeinen und
- des internen Kontrollsystems (IKS) im Besonderen

zu beurteilen und zu prüfen [BaFin 2005, AT 4.4].

Das interne Kontrollsystem besteht aus den Regelungen zur Aufbau- und Ablauforganisation sowie den Prozessen zur Identifizierung, Beurteilung, Steuerung, Überwachung und Kommunikation der Risiken – kurz Risikosteuerungs- und -controllingprozesse [BaFin 2005, AT 1 (1)]. Bislang sah deshalb die Revision es als eine ihrer Aufgaben an, durch die Prüfungen die Wirksamkeit und Effizienz des IT-Controllings festzustellen, während das IT-Controlling verantwortlich für die Implementierung des Kontrollsystems war.

Die interne Revision ist ein Instrument der Geschäftsleitung, d. h., sie ist der Geschäftsleitung unmittelbar unterstellt und berichtspflichtig. Der Revision ist deshalb ein vollständiges und uneingeschränktes Informationsrecht einzuräumen [BaFin 2005, AT 4.4].

Diese weiträumigen Befugnisse gelten allerdings nicht ohne jegliche Einschränkung. Um missbräuchlichen Gebrauch von Informationen oder unberechtigten Zugriffen vorzubeugen, ist es wichtig zu beachten, dass der Revision das Informationsrecht zur Wahrnehmung ihrer Aufgaben – und nur dann – eingeräumt werden muss. Das bedeutet, dass die Zugriffsberechtigungen der Revision nach dem sogenannten Prinzip des notwendigen Wissens eingeräumt werden. Erhält ein Revisor im Rahmen einer Prüfung beispielsweise Administrationsrechte auf eine Anwendung, sind diese genauso streng zu handhaben wie diejenigen eines jeden anderen Administrators im Institut. Konkret bedeutet das, dass sich das Informationsrecht auf die Prüfungs- und Beratungshandlungen beschränken muss und mit dem Abschluss der Prüfungstätigkeit erlöschen soll.

Praktisches Beispiel

Führt die interne IT-Revision eine Prüfung der Angemessenheit und Wirksamkeit der logischen Zugriffskontrollen in dem Kreditinstitut durch, so wird hauptsächlich das Bundesdatenschutzgesetz (BDSG) sowie die Grundsätze ordnungsmäßiger DV-gestützter Buchführungssysteme (GoBS) der Definition des angestrebten Sollzustandes zugrunde gelegt. Weitere Hinweise zu der Umsetzung in einer Bank finden sich in den MaRisk. Die Kreditinstitute werden in dem Artikel AT 7.2 der MaRisk dazu verpflichtet, sich bei der Gestaltung ihrer IT-Systeme und der dazugehörigen IT-Prozesse grundsätzlich an den »gängigen Standards« auszurichten, um die Grundwerte der Sicherheit – Integrität, Verfügbarkeit, Authentizität und Vertraulichkeit – sicherzustellen.

In Deutschland setzt die nationale Sicherheitsbehörde, das Bundesamt für Sicherheit in der Informationstechnik (BSI), Maßstäbe im Bereich Datenschutz und Datensicherheit. Das vom BSI veröffentlichte IT-Grundschutzhandbuch liefert Standardsicherheitsmaßnahmen für IT-Systeme mit »normalem« Schutzbedarf und bestimmt u.a., *»jeder Benutzer (und auch jeder Administrator) sollte nur auf die Datenbestände zugreifen und die Programme ausführen dürfen, die er für seine tägliche Arbeit auch wirklich benötigt«* [BSI 2006, S. 22]. Das IT-Grundschutzhandbuch macht insbesondere technische Vorschläge zur Umsetzung. Die organisatorischen Maßnahmen im Hinblick auf die Unternehmensziele finden keine Berücksichtigung in dem Werk.

Die Revision kann prüfen, ob erstens die Gesetze und Normen in der Bank richtig ausgelegt wurden und zweitens die definierten Verfahren mit den tatsächlichen Abläufen der Benutzeradministration und -pflege in dem Institut übereinstimmen.

2 Wirtschaftlichkeit als Prüfungsziel der IT-Revision

Die Arbeit der IT-Revision ist mit Aufwendungen verbunden. Das Kreditinstitut hat daher ein berechtigtes Interesse daran, einen greifbaren Nutzen in Form einer Wirtschaftlichkeitssteigerung zu erfahren. Das Revisionsziel Wirtschaftlichkeit bietet eine Chance, stark formal geprägte Revision weg von der Ordnungsmäßigkeit hin zu Nützlichkeit, Effizienz und Akzeptanz zu verschieben und damit einen sichtbaren Mehrwert für das Unternehmen zu schaffen [Wähner 2002]. Die Revisionsaufgaben haben sich deswegen insbesondere im Hinblick auf die Zielsetzung und Orientierung der Arbeit verändert. Die Prüfungsnormen entwickelten sich von einer reinen Ordnungsmäßigkeit- und Sicherheitsprüfung hin zur Wirtschaftlichkeits-, Zweckmäßigkeits- und Risikoprüfung.

Eine nach wie vor geforderte Aufgabe der Revision ist die Prüfung und Beurteilung der Ordnungsmäßigkeit aller Aktivitäten und Prozesse des Unternehmens. Die Revisionsaufgaben haben sich jedoch auch hier weg von der Orientierung an Einzelmerkmalen für Ordnungsmäßigkeit hin zu der Orientierung an Geschäftsprozessen entwickelt. Parallel erfolgte eine Änderung der Blickrichtung der Revision von einer Vergangenheitsorientierung (*Ex-post*-Prüfungen) zu einer Zukunftsorientierung (Projektbegleitung und Beratung).

2.1 Ordnungsmäßigkeits- und Sicherheitsprüfungen

Die Aufgabe des Revisors ist es, die IT-Systeme des Kreditinstituts insofern zu prüfen, als sie zur Verarbeitung der sogenannten rechnungslegungsrelevanten Daten verwendet werden. Der Begriff Rechnungslegung beschreibt im weiteren Sinne die Rechenschaftslegung über eine mit Einnahmen und Ausgaben verbundene Betriebsführung (§ 259 Abs. 1 BGB). Im engeren Sinne handelt es sich dabei um die Aufstellung und Veröffentlichung des Jahresabschlusses, insbesondere von Bilanz, Gewinn- und Verlustrechnung sowie des Lageberichts (§ 242 ff. HGB). Die Informationen zur Rechnungslegung entstammen dem Rechnungswesen. Wird zur Abwicklung dieser Geschäftsprozesse im Rechnungswesen Informationstechnologie eingesetzt, spricht man von »DV-gestützter« Rechnungslegung [IDW 2002]. Da es heutzutage praktisch keine IT-Systeme mehr gibt, die keinen Bezug zu der Rechnungslegung haben, beziehen sich die Prüfungsaktivitäten auf nahezu alle in der Bank eingesetzten IT-Systeme.

IT-Systemprüfungen erfordern spezielle, auf das IT-System bezogene Prüfungsmethoden. Abhilfe zur praktischen Umsetzung in der IT-Revision liefert das Institut der Wirtschaftsprüfer (IDW) mit seinem Prüfungsstandard »Abschlußprüfung bei Einsatz von Informationstechnologie«, IDW PS 330 [IDW 2002]. Hierzu wurde – zusätzlich zu den in der traditionellen Revisionsarbeit gängigen Prüfungsarten – ein speziell an die Bedürfnisse der IT-Revision angepasster Prüfungsstandard festgelegt: die IT-Systemprüfung.

IT-Systemprüfung

Ziel der IT-Systemprüfung ist die Beurteilung der IT-Fehlerrisiken (d. h. Risiken wesentlicher Fehler im IT-System), darunter der IT-Geschäftsrisiken, IT-Anwendungsrisiken und IT-Infrastrukturrisiken. Prüfungsgegenstand sind dabei die folgenden Gebiete: IT-Infrastruktur (darunter fallen sowohl Hard- als auch Softwarekomponenten sowie IT-Basisprozesse), IT-Anwendungen, IT-Geschäftsprozesse und IT-Kontrollsystem (IT-Umfeld und IT-Organisation) (Abb. 1).

Im Rahmen einer IT-Systemprüfung erfolgt im ersten Schritt eine Aufnahme des IT-Systems mittels System- und Projektdokumentation, durch Befragungen und Interviews. Diese Aufnahme bildet eine Basis für die folgende Aufbau- und Funktionsprüfung, wobei mittels Aufbauprüfung zuerst eine vorläufige Beurteilung der Wirksamkeit des internen Kontrollsystems vorzunehmen ist. Zur abschließenden Beurteilung der Ordnungsmäßigkeit (d. h. Vollständigkeit, Richtigkeit, Zeitgerechtigkeit, Ordnung, Nachvollziehbarkeit, Unveränderlichkeit) und Sicherheit (Authentizität, Autorisierung, Vertraulichkeit, Verbindlichkeit, Integrität, Verfügbarkeit) sind die Ergebnisse der Aufbauprüfung durch Funktionsprüfungen zu ergänzen. Ziel der Funktionsprüfung ist letztendlich die Beurteilung, ob die eingerichteten IT-Kontrollen wirksam sind und zur Begrenzung der IT-Fehlerrisiken beitragen können.

2.2 Wirtschaftlichkeitsprüfungen

Obwohl sie nicht gesetzlich vorgeschrieben sind, finden die Stellungnahmen des IDW aufgrund seiner Autorität im Bereich der Revision Anerkennung – nicht nur bei den Wirtschaftsprüfern. Für die interne IT-Revision sind sie eine herausragende Grundlage für die

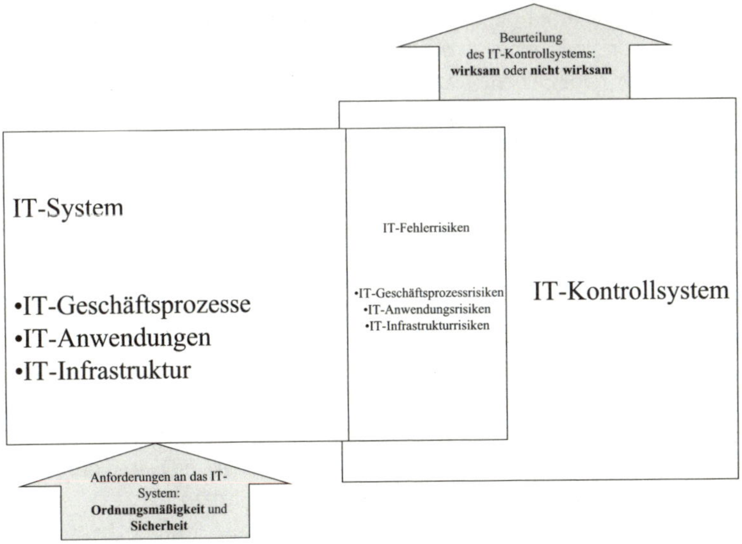

Abb. 1: IT-Systemprüfung – schematische Darstellung

Durchführung von Ordnungsmäßigkeits- und Sicherheitsprüfungen. Dort jedoch, wo die unternehmensinternen Ziele und Strategien in den Prüfungen und Beratungen Berücksichtigung finden müssen – also bei den Wirtschaftlichkeits-, Zweckmäßigkeits- und Risikoprüfungen –, ist weitgehend eigenverantwortliches Handeln gefragt.

Revision untersucht u.a. die Wirtschaftlichkeit von Organisation und Prozessen in der IT sowie von einzelnen Maßnahmen anhand Wirtschaftlichkeitsanalysen, wie z.B. Produktivitäts- und Rentabilitätsrechnungen. Auf dieser Basis können dann die konkreten Vorschläge zur Verbesserung der Wirtschaftlichkeit der IT erarbeitet werden.

Beispiel aus der Praxis: Prüfung der Wirtschaftlichkeit von IT-Sicherheit

Sowohl die traditionellen Prüfungen der Ordnungsmäßigkeit der IT-Sicherheit als auch regelmäßige IT-Security-Audits gehören inzwischen zu den etablierten Aufgaben der IT-Revision. Eine bisher noch wenig verbreitete Aktivität der Revision sind die Prüfungen und Beratungen auf dem Gebiet der Wirtschaftlichkeit der IT-Sicherheit.

Die Höhe und Menge der Ausgaben für die IT-Sicherheit lassen sich rein theoretisch unbegrenzt in die Höhe treiben, ohne dabei einen signifikanten Zuwachs an – wahrgenommener oder tatsächlicher – Sicherheit zu gewährleisten. Die Investitionen in Sicherheit werden heute noch oft eher von FUD (Fear, Uncertainity and Doubt) als von pragmatischen Überlegungen getrieben. Daraus ergeben sich potenziell sehr hohe Risiken im Hinblick auf die Wirtschaftlichkeit und Zweckmäßigkeit der eingesetzten IT-Sicherheit.

Grundsätzlich beschränkt sich die IT-Revision bei der Untersuchung der Wirtschaftlichkeit auf die Verhältnismäßigkeit des für die Gewährleistung von Ordnungsmäßigkeit und Sicherheit erforderlichen Aufwands. Die hier relevante Frage, die in dieser Prüfung beantwortet werden soll, lautet: Sind die Investitionen in die Sicherheitsmaßnahmen wirtschaftlich oder könnten vergleichbare (oder gar bessere) Ergebnisse mithilfe anderer (weniger kostenspieliger) Maßnahmen und Produkte erreicht werden? Sind die Maßnahmen angemessen und zweckmäßig, um den bestehenden Schutzbedarf zu decken?

Grundsätzlich gilt: Die Kosten für eine Umsetzung der Sicherheitsmaßnahmen sollen in sinnvoller Relation mit dem (ggf. erwarteten) Nutzen stehen. Konkrete Rechenmodelle sind auf diesem Gebiet allerdings rar. Um die Wirtschaftlichkeit der IT-Sicherheit zu begründen, lässt sich die übliche Amortisationsbetrachtung oft nicht heranziehen. Das sich aktuell im Einsatz befindliche und verbreitete Modell zur Kosten-Nutzen-Rechnung ist das »Return on Security Investment« (ROSI). Trotz Kritik und zahlreichen Unzulänglichkeiten, die der Methode vorgeworfen werden, etablierte sich das ROSI als ein Quasistandard für die Wirtschaftlichkeitsbetrachtung der IT-Security-Investitionen [Gordon & Loeb 2002].

Szenario für die Prüfung der IT-Sicherheit im Onlinebanking

»Online-Banking wird immer beliebter. Leider auch bei den Ganoven: Die Zahl argloser Bankkunden, denen mit Internet-Tricks das Konto geplündert wurde, bricht täglich neue Rekorde« – klagte die *Rheinische Post* am 13.12.2006. Auf die immer noch steigenden Risiken der neuartigen Angriffe wie Phishing und Pharming möchte das Beispiel-Kreditinstitut mit neuen Sicherheitsmaßnahmen für das Onlinebanking reagieren, die das alte PIN/TAN-Verfahren ablösen sollen. Die IT-Abteilung favorisiert den Einsatz von Home Banking Computer Interface, kurz HBCI, das laut Aussage von Finanztest als derzeit der »beste Sicherheitsstandard« gilt. Die IT-Revision soll das Projekt begleiten und beratend unterstützen.

Art und Umfang der Prüfung bestimmen sich dabei aus der Bedeutung der IT-Sicherheit für die Rechnungslegung und der Komplexität der eingesetzten Maßnahmen. Denn um Aussagen über die Wirtschaftlichkeit und Vorschläge zur Effizienzsteigerung von IT-Sicherheit machen zu können, muss Klarheit über die Anforderungen bestehen. Deshalb sollten die Kosten, die bei der Prüfung berücksichtigt werden, von einer übergeordneten strategischen Planung des Kreditinstituts abhängen.

Zuerst bewertet die IT-Revision die neue Maßnahme HBCI unter den Gesichtspunkten der Ordnungsmäßigkeit und Sicherheit. Zugleich stellt sie fest, dass auch andere weitere Verfahren – iTAN, eTAN, mTAN und TAN – als angemessen gewertet werden und ein hohes Maß an Sicherheit im Onlinebanking gewährleisten können. Der Vorteil des HBCI-Verfahrens ist nach dem Urteil von Experten, dass Phishing, Virenangriffe und Pharming nicht mehr möglich sind.

Die IT-Abteilung bewertet die Wirksamkeit (effectiveness) von bekannten Maßnahmen für die Sicherheit im Onlinebanking anhand der aktuellen Studien, der jährlichen Investitionskosten bei einer Amortisationszeit von 4 Jahren sowie der Kosten für die Kunden, wie in der Tabelle 1 dargestellt. Die jährliche Verlusterwartung für Phishing, Pharming und Virenangriffe wird auf 70.000 € geschätzt. Die weiteren Entscheidungsgrundlagen für die IT-Abteilung liegen in der Attraktivität der Maßnahme und in ihrer Umsetzungstauglichkeit.

Verfahren	Wirksamkeit	Erläuterungen	Investition [€]	Kosten für den Kunden [€]	Erläuterungen
HBCI	90 %	Phishing und Pharming sind nicht mehr möglich; Risiken entstehen durch die Gefahr, dass die Lesegeräte und Karten bzw. das Mobiltelefon dem Besitzer entwendet werden können.	60.000,00	70	Einmalig; Kosten für ein Lesegerät liegen zwischen 20 und 120 €.
mTAN	90 %	Phishing und Pharming sind nicht mehr möglich, weil die mobile TAN nur für die in der SMS genannte Kontonummer und Betrag gültig ist.	50.000,00	17	Geschätzt für das erste Jahr: Entspricht 15 Überweisungen im Monat à 9 Cent je SMS.
eTAN	70 %	Die TAN wird im Rahmen des Überweisungsauftrags direkt erzeugt – wirksam gegen Phishing.	35.000,00	10	Einmalig; Banken bieten den TAN-Generator zu verschiedenen Preisen an, einige verteilen die Geräte kostenlos.
iTAN	50 %	Phishing nur mit erhöhtem Aufwand möglich (Abfrage von mehreren iTANs).	30.000,00	–	
PIN/TAN	0 %	Das Verfahren ist in dem Beispiel-Kreditinstitut bereits im Einsatz.	0,00	–	

Tab. 1: Übersicht über die Sicherheitsmaßnahmen und ihre Kosten

Die Revision prüft nun die Maßnahmen angesichts der Kriterien Zweckmäßigkeit und Wirtschaftlichkeit. Dabei berücksichtigt sie folgende unternehmensinterne Nebenbedingungen:

- Die Bank verfolgt eine neue Strategie zur Neupositionierung auf dem Finanzdienstleistungsmarkt und Kundenaquisition. Die Ziele, u.a. Vertriebsoffensive im Onlinebanking, schnelle und schlanke Auftragsabwicklung sowie kundenfreundliche Produktgestaltung, wurden in Form von Beschlüssen durch die Geschäftsleitung festgelegt.
- Um die o.g. Ziele zu unterstützen, bietet die Bank kostenlose Crashkurse zur Nutzung von Internet und Onlinebanking an. Diese erfreuen sich großer Beliebtheit bei den Kunden.

Da bekannterweise eine technische Lösung alleine oft nicht reicht, um das Mehr an Sicherheit zu erzielen, schätzt die IT-Revision die Wirkung von Sensibilisierungs- und Aufklärungsmaßnahmen, die in den Crashkurs integriert werden. Bei den innovationsscheuen Kunden, die bevorzugt PIN/TAN- oder iTAN-Verfahren anwenden, ist die Aufklärung das A und O der Sicherheit, denn hier werden die meisten Angriffe von den Nutzern selbst verschuldet. Der Zuwachs an Wirksamkeit infolge der Aufklärung wird hier auf +10 % geschätzt. Bei eTAN-Verfahren hilft die Sensibilisierung, um die Angriffe durch Pharmer und Trojaner abzuwenden, schützt jedoch nicht vor den Risiken des Diebstahls. Hier wird der Zuwachs an Wirksamkeit auf +5 % geschätzt. Bei den technikorientierten Kunden, die mTAN- und HBCI-Verfahren nutzen, ist der Einfluss von Aufklärung auf die Sicherheit vernachlässigbar, denn hier kann nur durch Inbesitznahme der Lesegeräte ein Angriff erfolgen.

Für die korrigierten Wirksamkeitswerte wird der Return on Security Investment (ROSI) berechnet [Schadt 2006]. Die Ergebnisse sind in der Tabelle 2 dargestellt.

Unter den Wirtschaftlichkeitsaspekten ist in diesem praktischen Beispiel die eTAN die beste Lösung, gefolgt von mTAN und iTAN. Das einfache PIN/TAN-Verfahren erzielt zwar ein gutes Ergebnis unter den Aspekten der Wirtschaftlichkeit, wird aber aufgrund seiner Unzulänglichkeiten von den Experten abgelehnt. Unter den unternehmensinternen strategischen Aspekten der Kundenfreundlichkeit ist die Reihenfolge aber eine andere; hier macht iTAN, gefolgt von eTAN, das Rennen.

Um einen Trade-off zwischen Kundenfreundlichkeit und Wirtschaftlichkeit zu erreichen, wird die Revision eine Empfehlung zugunsten des iTAN- oder eTAN-Verfahrens formulieren und begründen. Sie ist gefordert, einen für das Kreditinstitut geeigneten Ausgleich der Interessen verschiedener Teilbereiche zu suchen. Als zentrale, im »Querschnitt« wirkende, interne Kontrollinstanz des Kreditinstituts ist die Revision so in der Lage, einen Beitrag zur Verbesserung der Sachverhalte für das Unternehmen als Ganzes zu leisten.

Verfahren	Wirksamkeit	Investition [€]	ROSI [€]	Ranking nach ROSI	Kosten für die Kunden [€]	Ranking nach dem Kriterium Kundenfreundlichkeit
HBCI	90 %	60.000,00	3.000,00	5	70	4
mTAN	90 %	50.000,00	13.000,00	2	17	3
eTAN	75 %	35.000,00	17.500,00	1	10	2
iTAN	60 %	30.000,00	12.000,00	3	-	1
PIN/TAN	10 %	0,00	7.000,00	4	-	1

Tab. 2: ROSI und Ranking der Sicherheitsmaßnahmen

3 Auf die richtige Planung kommt es an

Zu bestimmen, was und wann geprüft wird, ist das Ziel der jährlichen Prüfungsplanung der Revision. Dabei werden die Definition und die Abgrenzung des »Was«, d.h. der Unternehmensfelder, auf denen einzelne Prüfungen und Beratungen durchgeführt werden, zu einer strategischen Aufgabe der Revisionsleitung.

3.1 Die Auswahl der Prüfungsfelder

Die in den Prüfungsplan aufzunehmenden Prüfungsfelder, -objekte und -gebiete sind unternehmensindividuell zu erheben. Dabei können die Felder entlang der Aufbau- und/oder der Ablauforganisation definiert werden.

Schlüpfen risikoreiche Themenbereiche in solche Felder, die insgesamt mit niedrigerem Risiko bewertet sind, besteht die Gefahr, dass bestimmte Prüfungen mit unzureichender Häufigkeit durchgeführt werden. Wird also das Themengebiet IT-Sicherheit immer nur als Risikokriterium und nicht als ein eigenständiges Prüfungsfeld erfasst, kann es dazu führen, dass dieses insgesamt mit sehr hohen Risiken behaftete Gebiet nur unzureichend in der Prüfungsplanung berücksichtigt wird. Das kann wiederum verhängnisvolle Folgen für das Kreditinstitut haben.

Eine Übersicht über die Auswahl der Prüfungsgebiete und -felder für eine Prüfungsplanung der IT-Revision könnte wie in der Tabelle 3 dargestellt aussehen. Dabei ist die IT-Sicherheit sowohl als ein autonomes Prüfungsgebiet berücksichtigt als auch als integraler Bestandteil einzelner Prüfungsfelder, wie z.B. des IT-Sicherheitsmanagements oder der MaRisk-Prüfung.

	1.	2.	3.	4.	5.	6.
Prüfungsgebiete	**IT-Organisation und Umfeld**	**Prüfung der IT-Basisprozesse**	**IT-Sicherheit**	**Kommunikation**	**Prüfung von IT-Projekten**	**Prüfung IT-gestützter Geschäftsprozesse**
Prüfungsfelder, u. a.	Planung und Beschaffung von IT-Komponenten IT-Kosten und -Leistungsrechnung IT-Dokumentation IT-Sicherheitsmanagement	Ordnungsmäßigkeit der Programmentwicklung Prüfung von Anwendungsprogrammen Ordnungsmäßigkeit von RZ-Betrieb Individuelle Datenverarbeitung	RZ-/DV-Sicherheit Kennwortschutz Datenschutz Berechtigungskonzepte Virenschutz Notfallkonzepte	Telekommunikation Internet E-Mail Ad-hoc-Kommunikationsmittel	Projektcontrolling Qualitätssicherung von IT-Projekten Bedarfs- und Kapazitätsplanung	Stammdatenänderungsdienst Umsatzdatenverarbeitung Sachgebietsprüfung MaRisk-Umsetzung Onlinevertrieb

Tab. 3: Auswahl der Prüfungsfelder und -gebiete (in Anlehnung an das Deutsche Institut für Interne Revision e.V. [IIR 2006, 110 (2-3)])

3.2 Prüfungsplanung

Laut Vorgaben der im Dezember 2005 veröffentlichten MaRisk hat die Planung der Revisionstätigkeiten jährlich zu erfolgen, daher auch der Begriff »Prüfungsjahr«. Ob und welche Prüfungen und Beratungen in einem Prüfungsjahr durchgeführt werden, hängt nun von dem Risikogehalt des jeweiligen Prüfungsfeldes ab. Die Besonderheit der Risikobewertung durch die Revision liegt darin, dass dabei die Zuverlässigkeit bzw. Effektivität der internen Kontrollen beurteilt wird und daraus Schlussfolgerungen für das weitere Prüfungsgeschehen abgeleitet werden. Die risikoreichen Felder werden oft, grundsätzlich jährlich, geprüft, und diejenigen, die mit einem niedrigeren Risiko verbunden sind, unterliegen einer Prüfung in größeren Zeitabständen – spätestens jedoch alle drei Jahre [BaFin 2005, BT 2.3.1 (1)].

3.3 Die Risikobewertung

In der Revisionspraxis bedeutet das die Notwendigkeit, eine regelmäßige Bewertung der Risiken vornehmen zu müssen. Sie kann entweder auf die unternehmensinterne (im Übrigen auch von der MaRisk geforderte) Risikobewertung zurückgreifen oder eigene – quantitative oder qualitative – Bewertungen vornehmen. Des Weiteren stehen der IT-Revision standardisierte Modelle wie CobiT zur Verfügung [ITGI 2006].

Quantitative Risikobewertung

Im Rahmen der quantitativen Risikobewertung wird das Risiko R als ein Produkt der Eintrittswahrscheinlichkeit eines Schadensereignisses (likelihood of loss event) und des voraussichtlichen (durchschnittlichen) Schadens (cost of loss event) ermittelt [Schechter 2004]. Das Risiko, das sich aus verschiedenen potenziellen Schadensfällen für ein Prüfungsfeld ergibt, ist die Summe einzelner Risiken für die relevanten Bedrohungsszenarien i: $\sum_{i=1}^{I} R_i$.

Eine Modellrechnung für das Bedrohungsszenario »Makrovirus« – relevant beispielsweise für das Prüfungsfeld E-Mail-Kommunikation – könnte demnach wie folgt lauten:

Eintrittswahrscheinlichkeit eines Schadens durch das Makrovirus:	0,05	0,03
voraussichtlicher Schaden in €:	100.000 – 250.000	250.000 – 1 Mio.
durchschnittlicher Schaden in €:	175.000	625.000

Risiko:

$$R_1 = 0{,}05 * 175.000 = 8.750$$
$$R_2 = 0{,}03 * 625.000 = 18.750$$
$$\sum_{1}^{2} R = 27.500$$

Im Rahmen der Bedrohungs- und Risikoanalyse werden die potenziellen Bedrohungen und Eintrittswahrscheinlichkeiten identifiziert sowie mögliche Schäden beziffert. Meistens verfügt ein Institut kaum über einen ausreichenden Daten- und Schadensfallbestand aus dem IT-Umfeld, um eine plausible oder zumindest auf den historischen Werten basierende Risikoeinschätzung von Verletzungen der IT-Sicherheit oder des Datenschutzes zu gewährleisten. Es ist daher in der Unternehmenspraxis durchaus üblich, den standardisierten, branchen- oder landesweiten Statistiken die Eintrittswahrscheinlichkeiten bestimmter Angriffsarten zu entnehmen (u. a. »Internet Security Threat Report« von Symantec Corp.).

Die Höhe des potenziellen Schadens ist dann unternehmensintern zu ermitteln. Hier tritt eine besondere Schwierigkeit der IT-Revision zum Vorschein, denn »*Sicherheitsmängel treten zumeist nicht unmittelbar zu Tage. Stattdessen erhöht sich ›nur‹ das aus diesen Defiziten erwachsende Risiko!*«, wie das BSI warnt [BSI 2006, S. 13]. Insbesondere für das Prüfungsfeld IT-Sicherheit sollten deshalb keine Savings, sondern Schäden, die sich aus Unterlassung bestimmter Maßnahmen ergeben, kommuniziert werden.

Qualitative Risikobewertung

Die Schwäche der quantitativen Risikobewertungsmethoden liegt darin, dass die Grundlage der Berechnungen geschätzte Werte bilden [Foster & Pacl 2002]. Die Ergebnisse einer solchen Risikobewertung sind somit als eine mehr oder weniger genaue Schätzung zu betrachten, die modellhaft – aber eben nicht universell – die Unternehmensrisiken abbildet.

Aus diesem Grund entscheiden sich viele Kreditinstitute für qualitative Bewertungsmethoden. Zu denken ist dabei beispielsweise an eine Risikomatrix, in der eine Bewertung der Risiken nach einem festgelegten Raster vorgenommen wird. So wird in der szenariobasierten Risikobewertungsmethode ein Geschäftsvorfall in standardisierte Szenarien zerlegt, deren Risiken im Zusammenhang mit den Sicherheitszielen (Nicht-Abstreitbarkeit, Vertraulichkeit, Authentizität etc.) festgelegt werden. Die Bewertung hängt von den gesetzlichen, personellen, finanziellen, reputationellen und anderen Faktoren ab.

Beispiel: Risikomatrix für Onlinebanking

Eine Risikobewertung für eine Onlinebanking-Applikation, in der die Bankkunden den Stand ihrer Daten und Verträge einsehen und modifizieren können, wird in der Tabelle 4 dargestellt.

Die Risikoeinschätzung erfolgt über ein Punkteschema von 1=geringes Risiko bis 5=hohes Risiko, allerdings nur für diese Sicherheitsziele, die für das bestimmte Szenario relevant sind. So ist z.B. im Fall der Datenablage nur das Sicherheitsziel Vertraulichkeit (Stichwort: Datenklassifizierung) relevant; die Authentizität und Nicht-Abstreitbarkeit dagegen spielen bei der Datenablage keine Rolle – was einer Bewertung mit 0=neutral entspricht.

Die Punkte werden für jeden in Betracht kommenden Geschäftsvorfall (also für ein potenzielles Prüfungsfeld) in dem Institut kumuliert – in dem Beispiel zum Onlinebanking sind es 25 Punkte – und miteinander verglichen. Die maximal erreichbare Punktezahl wird als die 100%-Benchmark festgelegt und alle untersuchten Geschäftsvorfälle, wie in der Tabelle 5 definiert, entsprechend gruppiert.

Um die Auswahl der Prüfungsfelder und -gebiete vornehmen zu können, soll eine Grenze für tolerierbare Risiken im Institut festgelegt werden. Die Auswahl der Prüfungsfelder für eine jährlich, zwei- oder dreijährlich stattfindende Prüfung kann dann anhand des intern festgelegten Rasters erfolgen.

Sicherheitsziele Szenarien	Authentizität	Nicht-Abstreitbarkeit	Vertraulichkeit
Webserver	1 . 2 . **3** . 4 . 5	o	o
Clientanwendung (z. B. Java-Applets)	o	1 . 2 . 3 . **4** . 5	o
Datentransfer (zwischen dem Webserver und dem Hostserver)	o	**1** . 2 . 3 . 4 . 5	1 . 2 . **3** . 4 . 5
Datenablage (Kundendatenablage auf dem Webserver)	o	o	1 . 2 . 3 . **4** . 5
E-Business (B2C-Geschäftsbeziehung)	1 . **2** . 3 . 4 . 5	1 . 2 . 3 . **4** . 5	1 . 2 . 3 . **4** . 5

Tab. 4: Risikomatrix für Onlinebanking-Applikation

100 % – 50 %	Prüffelder mit hohem Risiko	Jährlicher Prüfungsmodus
50 % – 30 %	Prüffelder mit mittlerem Risiko	Prüfung im 2-Jahre-Takt
30 % – 0 %	Prüffelder mit geringem Risiko	Prüfung im 3-Jahre-Takt

Tab. 5: Raster für die Auswahl von Prüfungsfeldern in einer Prüfungsplanung

4 Fazit

Die aktuelle bankenaufsichtliche Situation sowie der steigende Kostendruck in der Finanzdienstleistungsbranche zwingen die Kreditinstitute zu Veränderungen und Neuorientierung. Zu den Bereichen, die am stärksten von diesem Trend betroffen sind, gehört die IT-Revision. Die starke Durchdringung mit der IT und steigende Abhängigkeit der Institute von diesen Technologien erfordern neue Herangehensweisen sowie Modernisierung und Optimierung in den Prozessen und Produkten. Neben den traditionellen Ordnungsmäßigkeits- und Sicherheitsprüfungen steigt deshalb die Bedeutung der Wirtschaftlichkeits- und Zweckmäßigkeitsprüfungen. Es ist dabei nicht unbedeutend, dass sich infolge dieser Veränderungen die Akzeptanz der IT-Revision bei der Geschäftsleitung erhöhen kann.

Durch die Ausrichtung der Revisionsaktivitäten an der Geschäftspolitik und den Unternehmensrisiken, durch systematische Risikobewertungen und entsprechende Reaktionsmöglichkeiten auf die erkannten Risikopotenziale kann die IT-Revision greifbaren Mehrwert für das Unternehmen erzeugen. Als zentrale, bereichsübergreifend wirkende, interne Kontrollinstanz des Kreditinstituts ist sie in der Lage, einen Beitrag zur Verbesserung der Sachverhalte für das Unternehmen als Ganzes zu leisten. Dies erreicht sie, indem sie die geforderten Maßnahmen auf die Praktikabilität, Effektivität und Effizienz prüft.

Die IT-Revision kann sich insbesondere durch die Wirtschaftlichkeits- und Zweckmäßigkeitsprüfungen als ein Teil des unternehmensinternen IT-Controllings etablieren. Die konkrete Form der Zusammenarbeit kann auf verschiedenen Wegen erreicht werden. Zum einen bietet es sich an, die Arbeitsergebnisse und Überlegungen der IT-Revision und des IT-Controllings im Rahmen eines Ausschusses einzubringen, in dem die grundsätzlichen Planungs- und Steuerungsentscheidungen für das gesamte Kreditinstitut gefällt werden. Zum anderen ist es denkbar, die Prüfungsergebnisse der Revision sowie die Ergebnisse der laufenden Soll-Ist-Vergleiche des IT-Controllings in einem unternehmensinternen Berichtssystem aufzuarbeiten und zu integrieren, das die Geschäftsleitung in dem Entscheidungsfindungsprozess unterstützt.

Welche Form die Zusammenarbeit auch annimmt, mit den Ergebnissen der Wirtschaftlichkeits- und Zweckmäßigkeitsprüfungen kann die IT-Revision das Institut und seine Geschäftsleitung bei der Erreichung ihrer Ziele unterstützen. Diese Möglichkeit räumt ihr die aktuelle gesetzliche und wirtschaftliche Lage ein.

5 Literatur

[Alisch et al. 1997] *Alisch, K.; Winter, E.; Arentzen, U. (Hrsg.):* Gabler Wirtschaftslexikon 1997. 14. Aufl., Gabler, Wiesbaden, 1997.

[BaFin 2005] *BaFin:* Mindestanforderungen an das Risikomanagement (MaRisk). Bundesanstalt für Finanzdienstleistungsaufsicht (BaFin), Bonn, Rundschreiben 18/2005.

[BSI 2006] *BSI:* Leitfaden IT-Sicherheit. Bundesamt für Informationssicherheit, Bonn, 2006.

[de Haas & Zerlauth 1995] *de Haas, J.; Zerlath, S.:* DV-Revision. Vieweg Verlag, Braunschweig, 1995.

[Foster & Pacl 2002] *Foster, S.; Pacl, B.:* Analysis of Return on Investment for Information Security, *www.getronics.com/NR/rdonlyres/ejhsokxgywr3iom4mn4vq43l73fmqzsqbsnz47jd2thnvawjlceks ww2zuu3yd33tnybjcjmjbtbmyfyxa2r4nhpure/ wp_analysis_return_on_investment.pdf,* 2002; Zugriff am 18.04.2004.

[Gordon & Loeb 2002] *Gordon, Lawrence A.; Loeb, Martin P.:* The economics of information security investment. In: ACM Transactions on Information and System Security (5), November 2002, S. 438-457.

[Horváth & Rieg 2001] *Horváth, P.; Rieg, R.:* Grundlagen des strategischen IT-Controllings. In: HMD – Praxis der Wirtschaftsinformatik, Heft 217, Februar 2001, S. 9-17.

[IDW 2002] *IDW:* IDW Prüfungsstandard – Abschlußprüfung bei Einsatz von Informationstechnologie (IDW PS 330) und Stellungnahme zur Rechnungslegung – Grundsätze ordnungsmäßiger Buchführung bei Einsatz von Informationstechnologie (IDW RS FAIT 1) vom 24. 9. 2002.

[IIR 2006] *IIR:* Risikoorientierte Prüfungsplanung der IT-Revision. In: IT-Revision, 110 (VIII / 06), Erich Schmidt Verlag, Berlin, 2006.

[ITGI 2006] *IT Governance Institute (ITGI):* CobiT 4.0. ITGI, 2006.

[Krumm 2006] *Krumm, M.:* Internal Consulting durch die Interne Revision (IR). In: Lück, W. (Hrsg.): Zentrale Tätigkeitsbereiche der Internen Revision. Erich Schmidt Verlag, Berlin, 2006, S. 173-178.

[Schadt 2006] *Schadt, D.:* Über die Ökonomie der IT-Sicherheit. In: HMD – Praxis der Wirtschaftsinformatik, Heft 248, April 2006, S. 16-25.

[Schechter 2004] *Schechter, S. E.:* Toward Econometric Models of the Security Risk from Remote Attacks. In: The Third Annual Workshop on Economics and Information Security (WEIS04), 2004.

[Wähner 2002] *Wähner, G.:* DV-Revision. Handbuch für die Unternehmenspraxis. Kiehl Verlag, Ludwigshafen, 2002.

Dr. Aleksandra Sowa
Sparkasse KölnBonn
Friedensplatz 1-3
53111 Bonn
a_sowa@web.de
www.sparkasse-koelnbonn.de

Mohsen Rezagholi

Risikomanagement in der Softwareentwicklung – Verfahren und Anwendung

Das primäre Ziel des Risikomanagements ist es, die Risiken früh im Projektverlauf zu erkennen und ihnen mit geeigneten Maßnahmen zu begegnen. Dieser Beitrag diskutiert ein werkzeuggestütztes Verfahren zum Risikomanagement in der Softwareentwicklung. Das Verfahren soll den Projekten helfen, ihren Umgang mit Risiken zu systematisieren. Es zeichnet sich dadurch aus, dass es

- *eine Liste von in der Softwareentwicklung häufig auftretenden Risiken als Basis für die Identifikation projektspezifischer Risiken bereitstellt,*
- *einen Risikoplan als Grundlage für die Steuerung und Kontrolle der Risiken erzeugt,*
- *eine Plattform für die Identifikation von Schwächen der Softwareentwicklung schafft und damit der Verbesserung des Entwicklungsprozesses dienen kann.*

Inhaltsübersicht

1 Einleitung

Ein Risiko bedeutet, dass mit einer gewissen Wahrscheinlichkeit ein Ereignis eintreten kann, durch das ein quantifizierbarer Schaden entsteht. Risiken bestehen etwa bezüglich des Entwicklungs- und Wartungsprozesses, des Projektmanagements, des Projektteams und der eingesetzten Werkzeuge und Technologien. Sie können zum Scheitern eines Projekts führen.

Unter Risikomanagement wird der systematische Umgang mit Risiken verstanden. Er umfasst drei Phasen (zum Risikomanagement in der Softwareentwicklung siehe [Wallmüller 2004], [Rauschen & Disterer 2004], [CMMI 2002], [ISO 15504], [Fairley 1994], [Boehm 1991] und [Boehm 1989]):

- Risikoidentifikation: Ermittlung der für das Projekt bestehenden Risiken
- Risikobewertung: Einschätzung der Eintrittswahrscheinlichkeit der Risiken und Ermittlung der wirtschaftlichen Auswirkung der Risiken auf das Projekt im Eintrittsfall (Ermittlung der Schadenshöhe)
- Risikosteuerung und -kontrolle: Definition von Maßnahmen zur Vermeidung oder Verminderung von Risiken

Diese Phasen werden im gesamten Lebenszyklus eines Projekts immer wieder durchlaufen (siehe Abb. 1), denn im Projektverlauf können neue Risiken entstehen, bestehende Risiken können entfallen, die Eintrittswahrscheinlichkeit und die wirtschaftliche Auswirkung von Risiken können sich ändern.

Eine Studie zum Status des Risikomanagements [Rezagholi 2007] zeigt, dass das Risikomanagement in der Softwareentwicklung (kurz Softwarerisikomanagement) noch nicht weit verbreitet ist, obwohl die dazugehörigen Methoden in der Literatur eingehend und übereinstimmend diskutiert sind. Hier werden diejenigen Ergebnisse dieser Studie zusammengefasst, die die Notwendigkeit und Definition des im Abschnitt 2 beschriebenen Verfahrens motivieren.

Die Studie wurde mit dem Ziel durchgeführt, den Verbreitungsgrad des Risikomanagements in Softwareprojekten darzustellen sowie zu untersuchen, welche Risiken in einem Soft-

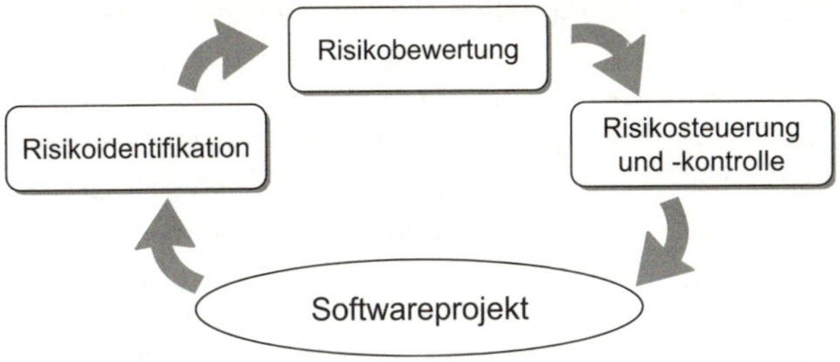

Abb. 1: Phasen des Risikomanagements

wareprojekt häufiger und welche seltener vorkommen (Risikoverteilung). Sie basiert auf den Ergebnissen zahlreicher Prozessbewertungen und Projektrisikoaudits; diese umfassen insgesamt 45 verschieden große Projekte aus unterschiedlichen Anwendungsbereichen.

Der Verbreitungsstand des Risikomanagements stellt sich laut der Studie wie folgt dar: In 53 % der Projekte fand kein Risikomanagement statt; in 38 % der Projekte waren lediglich die ersten Ansätze eines Risikomanagements zu beobachten. In nur 9 % der Projekte fand ein systematischer Umgang mit Risiken statt: Diese Projekte verfügten über einen Entwicklungsprozess, der geeignete Verfahren und Werkzeuge zum Risikomanagement bereitstellte.

Die Studie führt die unzureichende Verbreitung des Softwarerisikomanagements unter anderem auf das folgende Problem zurück: Es gibt keine geeignete Unterstützung zur Ausübung des Risikomanagements; folglich tun sich die Projekte schwer mit der Identifikation, Bewertung, Steuerung und Kontrolle von Risiken. Zur Lösung des Problems fordert die Studie den Einsatz eines werkzeuggestützten Verfahrens, das Projekte beim Risikomanagement unterstützt und ihnen erleichtert, praktische Erfahrungen im Umgang mit Risiken zu sammeln – die zunehmende Erfahrung trägt ihrerseits zum sicheren Risikomanagement bei. Diesen Anforderungen zufolge muss das Verfahren auf einem pragmatischen Ansatz basieren: Es soll erprobte Hilfsmittel zum Risikomanagement zur Verfügung stellen. Das im Folgenden beschriebene Verfahren soll diese Anforderungen erfüllen.

2 Verfahren zum Softwarerisikomanagement

Das Risikomanagement lässt sich in Phasen gliedern, die zugleich die zeitliche Abfolge der wesentlichen Tätigkeiten des Risikomanagements darstellen: Risikoidentifikation, Risikobewertung sowie Risikosteuerung und -kontrolle. Diese Phasen werden im Weiteren beschrieben. Dabei wird anhand von RiMS (Risk Management System), einem Werkzeug zur Unterstützung des Risikomanagements, gezeigt, welchen Beitrag ein solches Werkzeug zu den Tätigkeiten im Einzelnen und zur Integration des Risikomanagements in die Softwareentwicklung insgesamt leisten kann.[1]

2.1 Risikoidentifikation

Die Risikoidentifikation stellt die erste Phase im Risikomanagement dar. Ihr Ziel ist eine möglichst vollständige Erfassung aller wesentlichen Projektrisiken. Die Qualität der Risikoidentifikation bestimmt die Qualität des Risikomanagements: Wird die Risikoidentifikation unzureichend durchgeführt, so können wichtige Risiken unerkannt bleiben; die anschließende Bewertung, Steuerung und Kontrolle wären dann kaum von Nutzen.

1. Das Werkzeug RiMS wird als eine PC-Anwendung im Rahmen eines Projekts an der Hochschule Furtwangen realisiert. Die bisherigen Implementierungsarbeiten übernahmen Manfred Dreher, Timo Dreier, Claudia Gärtner, Robert Schneider, Sebastian Seelig und Stefan Serafin. Ihnen gilt mein besonderer Dank.

Die Anzahl und die Vielfalt der Risiken, die ein Softwareprojekt bedrohen, sind groß. Zur sicheren Identifikation der Risiken eines Projekts muss daher eine Reihe von Risikoquellen betrachtet werden. Um die Projekte bei der Risikoidentifikation zu unterstützen, stellt RiMS eine Liste von 32 in der Softwareentwicklung oft vorkommenden Risiken (Standardrisiken) zur Verfügung. Die Risiken sind in 9 Gruppen gegliedert; jede Risikogruppe impliziert zugleich eine wichtige Risikoquelle der Softwareentwicklung (siehe Tab. 1). Die Risikoliste wurde auf der Basis der Fachliteratur (insbesondere [Jones 1994] und [Thomsett 1993], siehe auch [Junginger & Krcmar 2003] sowie [Romeike 2000]) und der Ergebnisse der oben erwähnten Studie erstellt.

Die Risikoidentifikation unter Einsatz von RiMS findet wie folgt statt: Der Anwender wählt zunächst unter den Standardrisiken die für sein Projekt zutreffenden Risiken aus; hierdurch wird eine projektspezifische Risikoliste in Form einer Verzeichnisstruktur erstellt (Abb. 2 zeigt die Risiken eines fiktiven Projekts namens »Success«). Der Anwender beschreibt dann, wie sich die

Risikogruppe	Risiken
Projektorganisation	unklare Projektziele / unklarer Projektauftrag ungeklärte Verantwortlichkeiten im Projekt unklare Schnittstelle zum Auftraggeber/Kunden unklare Schnittstelle zu Lieferanten unklare unternehmensinterne Schnittstellen
Team	mangelnde Qualifikation der Mitglieder Probleme der Zusammenarbeit im Projekt hohe Mitarbeiterfluktuation
Lieferant	mangelnde Eignung des Lieferanten mangelhafter Vertrag unklare Anforderungen an den Lieferanten unzureichende Integration des Lieferanten im Projekt fehlende Abnahmekriterien
Projektmanagement	unzureichende Ressourcen mangelhafte Planung mangelhafte Steuerung und Kontrolle unzureichende Koordination der Teilprojekte
Entwicklungsprozess	ungeeignetes Prozessmodell unzureichende Prozessunterstützung
Anforderungen	mangelnde Qualität der Anforderungen mangelnde Spezifikation der Qualitätsanforderungen komplexe externe Schnittstellen der Software
Design und Implementierung	ungeeignete Architektur / Schnittstellenprobleme Vernachlässigung der Leistungsfähigkeit des Systems mangelnde Qualität des Codes unzureichende Modultests
Qualitätssicherung	mangelhaftes Review- und Testkonzept unzulängliche Testdurchführung fehlender Integrationsstufenplan mangelhafter Akzeptanztest
Technologie	ungeeignete Softwaretechnologien ungeeignete Entwicklungsumgebung / Infrastruktur

Tab. 1: RiMS-Standardrisiken: Oft vorkommende Risiken in der Softwareentwicklung

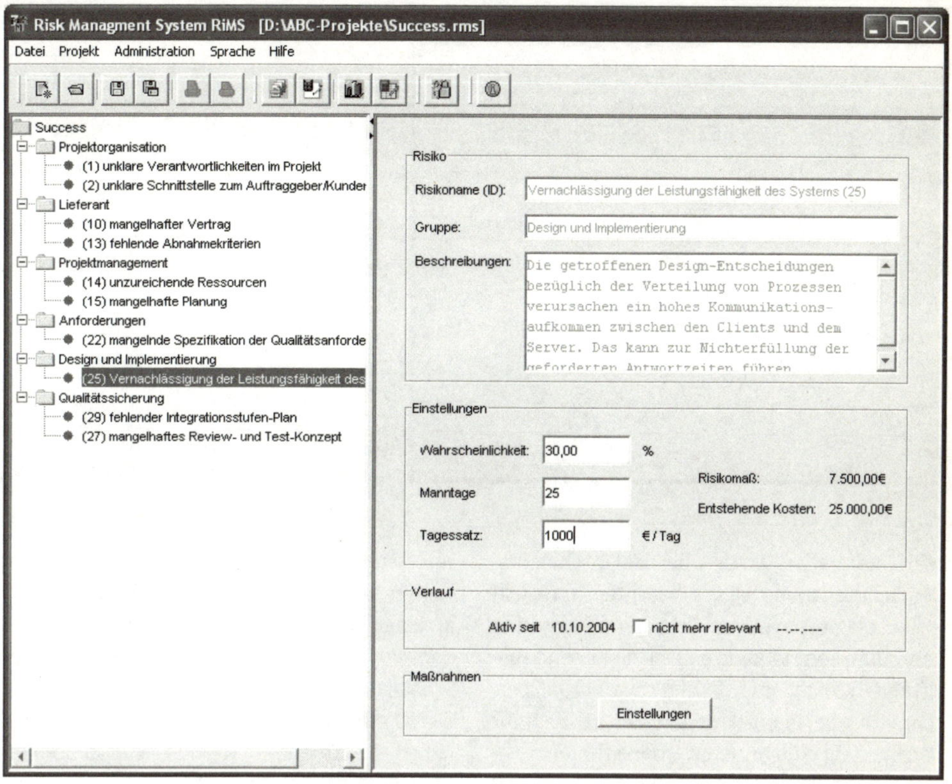

Abb. 2: Risikoidentifikation und -bewertung

ausgewählten Risiken im Projekt konkret äußern. RiMS unterstützt die Risikobeschreibung durch entsprechende Hinweise (Abb. 3 zeigt als Beispiel die Hinweise, die das Werkzeug zur Beschreibung des Risikos »mangelhafte Planung« liefert).

Bestehen für das Projekt weitere unter den Standardrisiken nicht zu findende Risiken, so können diese anschließend in die projektspezifische Risikoliste aufgenommen und beschrieben werden.

Die Liste der Standardrisiken darf nur von einem Administrator geändert oder erweitert werden; sie wird also vor unkontrollierten Änderungen durch einzelne Projekte geschützt. So kann die anwendende Organisation diese Risikoliste entsprechend den Erfahrungen zentral pflegen und allen Projekten zur Verfügung stellen.

2.2 Risikobewertung

Im Rahmen der Risikobewertung werden bezüglich jedes identifizierten Risikos

- die Eintrittswahrscheinlichkeit und
- die Schadenshöhe eingeschätzt und daraus
- das Risikomaß (Eintrittswahrscheinlichkeit × Schadenshöhe) errechnet.

Die Schadenshöhe wird in der Regel als Kosten, also in Geldeinheiten, angegeben; sie kann auch als Aufwand, etwa in Personentagen, ausgedrückt werden. Ein Risikomaß kann, auf grund der ihm zugrunde liegenden Errechnungsformel, als der Erwartungswert des Scha-

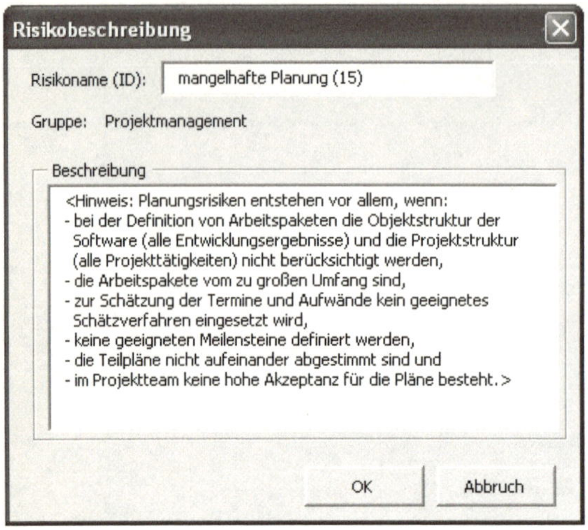

Abb. 3: Risikobeschreibung

dens interpretiert werden. Bei der Einschätzung der Schadenshöhe ist zu beachten, dass ein Risiko oft verschiedene Schäden hervorrufen kann. Zum Beispiel kann eine unzureichend spezifizierte Kundenanforderung sowohl zur Überschreitung der Entwicklungskosten als auch zur Verzögerung einiger Liefertermine führen.

Anhand der errechneten Risikomaße kann eine Rangfolge der Projektrisiken erstellt werden; je höher das Risikomaß, umso höher ist die Priorität des betreffenden Risikos. Die Summe aller Risikomaße ergibt das Risikomaß des Projekts.

Die Qualität der Risikobewertung hängt von der Schätzgenauigkeit ab. Da eine objektive Bewertung von Risiken nicht möglich sein dürfte, stellt sich die Frage, wie bei der Risikobewertung vorgegangen werden sollte, um allzu großen Verzerrungen durch subjektive Schätzungen entgegenzuwirken: Die Eintrittswahrscheinlichkeiten und die Schadenshöhen sollten von qualifizierten Personen, die sich in einer Schätzklausur zusammenfinden, im Konsens eingeschätzt werden. Wie in einer Schätzklausur üblich, müssen die Gründe, die zu einem bestimmten Schätzwert geführt haben, dokumentiert werden. Nur so können die Risikobewertungen nachvollzogen werden.

RiMS unterstützt die Risikobewertung wie folgt: Der Anwender gibt die Eintrittswahrscheinlichkeit eines Risikos durch eine Prozentzahl an und schätzt die Schadenshöhe als Kosten ein (siehe Abb. 2). Er hat ferner die Möglichkeit, seiner Risikofreudigkeit oder -scheu entsprechend, die Schadenshöhe relativ zum Projektwert zu klassifizieren (siehe Tab. 2). RiMS nimmt diese Klassifikation in die grafische Darstellung der Risiken auf (siehe Abb. 4).

	Risikoklasse
Schadenshöhe $\leq$ 3 % des Projektwerts	tolerierbar
3 % des Projektwerts < Schadenshöhe $\leq$ 7 % des Projektwerts	bedenklich
7 % des Projektwerts < Schadenshöhe $\leq$ 14 % des Projektwerts	kritisch
Schadenshöhe > 14 % des Projektwerts	katastrophal

Tab. 2: Risikoklassen

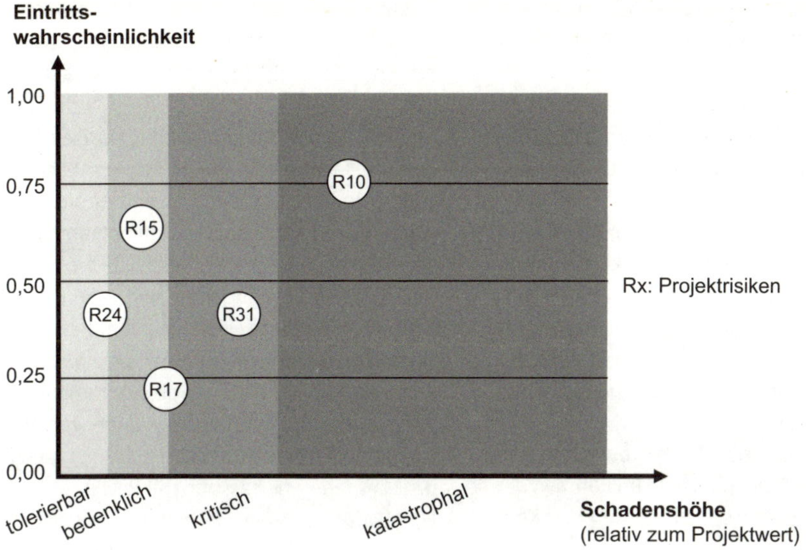

Abb. 4: Darstellung der Eintrittswahrscheinlichkeit und der Schadenshöhe einzelner Risiken

2.3 Risikosteuerung und -kontrolle

Die Risikosteuerung und -kontrolle umfassen folgende Tätigkeiten:

- Definition von Maßnahmen zur Vermeidung oder Verminderung der Risiken und damit zur Verbesserung der Risikolage des Projekts
- Erfassung und Verfolgung von Änderungen der Eintrittswahrscheinlichkeit und der Schadenshöhe einzelner Risiken
- Überwachung der Wirksamkeit von Maßnahmen bzw. der Fortschritte bei der Risikovermeidung und gegebenenfalls Korrektur der Maßnahmen (Risiko-Monitoring)
- Berichterstattung zur Risikolage des Projekts und zum Stand der Maßnahmenumsetzung

Es müssen nicht zur Vermeidung oder Verminderung aller Risiken Maßnahmen definiert werden; eine Reihe von Risiken wird in Kauf genommen. Die Entscheidung hängt vom Projektwert und von der Risikofreudigkeit der Projektverantwortlichen ab. In der Regel werden Maßnahmen zur Vermeidung oder Verminderung von denjenigen Risiken definiert, die ein hohes Risikomaß, also eine hohe Priorität, aufweisen oder deren Risikomaß eine projektspezifisch festgelegte Grenze übersteigt (siehe Abb. 4). Auch die Zugehörigkeit der Risiken zu einer Risikoklasse kann Entscheidungsgrundlage sein: Zum Beispiel werden zur Vermeidung derjenigen Risiken Maßnahmen definiert, die der Risikoklasse »katastrophal« oder »kritisch« zugeordnet sind.

Die Maßnahmen können organisatorischer oder technologischer Natur sein oder sich auf den Entwicklungsprozess beziehen. Sie können helfen, Risiken ganz zu vermeiden: Das Qualifikationsdefizit eines Projektteams bezüglich einer anzuwendenden Entwicklungsumgebung kann durch rechtzeitige Schulung betroffener Teammitglieder vermieden werden. Es gibt aber auch Maßnahmen, die das betreffende Risiko nur vermindern können; in diesem Fall bleibt ein Restrisiko bestehen, das ebenfalls erfasst und eingeschätzt werden kann. Beispielsweise kann ein Projektverantwortlicher die Entwicklung einer Softwarekomponente als Unterauftrag an einen Dritten vergeben, falls sein Entwicklungsteam die notwendige Technologie nicht beherrscht. Diese Maßnahme vermindert zwar das betreffende Risiko; die Verpflichtungen des Projekts dem Kunden gegenüber bleiben aber weiterhin bestehen. So gesehen gibt es kaum die Möglichkeit, die Risiken eines Softwareprojekts vollständig auf Dritte zu transferieren.

Nach der Definition der Maßnahmen wird entschieden, zu welchem Zeitpunkt die einzelnen Maßnahmen einzuleiten sind. Dieser Zeitpunkt muss für jede Maßnahme so ausgewählt werden, dass das Ergebnis der Maßnahme vor dem vermeintlichen Eintritt des betreffenden Problemfalls wirksam wird.

Die Grundlage der Risikosteuerung und -kontrolle ist ein Risikoplan. Alle im Rahmen der Identifikation, Bewertung, Steuerung und Kontrolle der Risiken erzielten Ergebnisse fließen in den Risikoplan ein. Der Risikoplan ermöglicht, jederzeit die Risikolage des Projekts und den Umgang mit Risiken im Projekt zu beurteilen und darüber zu berichten. Der Zustand eines Risikoplans weist ferner darauf hin, ob das Projekt über ein systematisches Risikomanagement verfügt; eventuelle Defizite können erkannt und Korrekturen vorgenommen werden.

RiMS unterstützt die oben dargelegten Tätigkeiten der Risikosteuerung und -kontrolle. Zu diesem Zweck erzeugt das Werkzeug für jedes Projekt einen Risikoplan, der folgende Informationen bereitstellt:

- *Projektdaten:* Der Projektname, der Projektwert und die im Projekt festgelegten Schwellenwerte für die Risikoklassen werden angegeben. Die Schwellenwerte zeigen die Risikoeinstellung der Projektverantwortlichen.
- *Projektrisiken:* Die Projektrisiken werden in einer Liste zusammengestellt. Jedes Risiko ist durch eine eindeutige Bezeichnung, seine Eintrittswahrscheinlichkeit und die mit ihm verbundene Schadenshöhe gekennzeichnet. Die Rangfolge der Risiken in dieser Liste wird von den Risikomaßen bestimmt. Die Bedeutung der Risiken wird außerdem durch deren Zuordnung zu den entsprechenden Risikoklassen wiedergegeben. Auch die Risikohistorie, d. h. seit wann ein bestimmtes Risiko besteht oder nicht mehr besteht, ist ersichtlich.
- *Maßnahmen zur Handhabung der Risiken:* Hat der Anwender Maßnahmen zur Vermeidung oder Verminderung der Risiken definiert, so werden diese Maßnahmen den entsprechenden Risiken zugeordnet. Auch die trotz der Maßnahmen vorhandenen Restrisiken, falls der Anwender diese eingeschätzt hat, sind ersichtlich. Zu jeder Maßnahme wird angegeben, wann sie definiert wurde, wann mit ihrer Wirksamkeit zu rechnen ist und wer für ihre Umsetzung verantwortlich ist (Abb. 5 zeigt die Maßnahmenerfassung mit RiMS).
- *Effektivität einzelner Maßnahmen:* Sie ist als Verhältnis des Risikomaßes des betreffenden Risikos (gegebenenfalls abzüglich des Restrisikomaßes) zum Aufwand der Maßnahme definiert. Eine Wirksamkeit > 1 bedeutet, dass es sich lohnt, die Maßnahme umzusetzen. Bei einer Wirksamkeit ≤ 1 sollte das Risiko eher in Kauf genommen werden.

Der Risikoplan wird mit dem Anlegen eines neuen Projekts erzeugt. Er wird mit den Ergebnissen jeder Tätigkeit bezüglich der Identifikation, Bewertung, Steuerung und Kontrolle von Risiken erweitert oder aktualisiert.

3 Fazit

Die konzeptuellen Voraussetzungen für die Institutionalisierung des Softwarerisikomanagements sind gegeben: Die Fachliteratur stellt geeignete, homogene Verfahren und Methoden bereit. Dennoch ist der aktuelle Verbreitungsgrad eines *systematischen* Risikomanagements eher bescheiden. Hier kann ein geeignetes Werkzeug die noch notwendige technische Voraussetzung schaffen und den Projekten helfen, ein wirksames und wirtschaftliches Risikomanagement einzuführen. RiMS stellt ein solches Werkzeug dar, dessen Einsatz noch weitere Vorteile mit sich bringt:

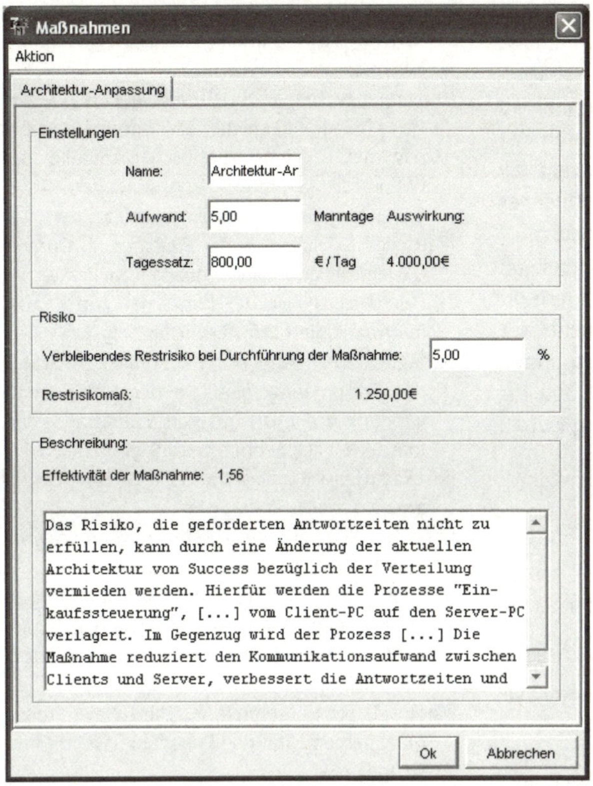

Abb. 5: Definition von Maßnahmen und Einschätzung deren Wirksamkeit

- Das Werkzeug fungiert als eine Plattform für einen organisationsweiten Erfahrungsaustausch: Es speichert für jedes Projekt einen Risikoplan, in dem der projektspezifische Umgang mit Risiken dokumentiert ist. Diese Risikopläne können in neuen Projekten als Grundlage für die Risikoidentifikation, Risikobewertung und Definition von Maßnahmen verwendet werden. So kann die Organisation ihre Fähigkeit im Risikomanagement von Projekt zu Projekt steigern.
- Das Werkzeug stellt eine Fundgrube für diejenigen Stellen oder Personen in der Organisation dar, die sich mit der Verbesserung des Softwareentwicklungsprozesses und des Projektmanagements befassen: Durch die Analyse von Risikoplänen abgeschlossener Projekte können die Schwächen der Softwareentwicklung ermittelt und behoben werden. Die Analyse zeigt auch, ob es wiederkehrende Risiken gibt, gegebenenfalls wie hoch ihre Risikomaße sind, mit welchen Maßnahmen ihnen bisher begegnet wurde und wie erfolgreich diese Maßnahmen waren. Bewährte Maßnahmen können aufbereitet und in den angewandten Entwicklungsprozess integriert werden.

Zur Werkzeugunterstützung für das Risikomanagement ist noch Folgendes anzumerken: Da das Risikomanagement ein Teilgebiet des Projektmanagements ist, stellen Werkzeuge ausschließlich für das Risikomanagement nur eine vorläufige Lösung dar (für zwei vergleichbare kommerzielle Werkzeuge siehe [RiskTrak] und [RiskRadar]). Es wäre sinnvoller und auch günstiger, wenn die gängigen Projektmanagement-Werkzeuge künftig die entsprechende Funktionalität zur Unterstützung des Risikomanagements bereitstellten. So könnten Risiko-, Termin-, Aufwand- und Ressourcenpläne einheitlich und in Abstimmung miteinander erstellt, aktualisiert und analysiert werden.

Ferner ist zu beachten, dass die Bereitstellung eines werkzeuggestützten Verfahrens nur dann die Praxis des Risikomanagements verbessern kann, wenn das Verständnis für Risikomanagement bei den Mitarbeitern und insbesondere bei der Entwicklungsleitung vorhanden ist.

4 Literatur

[Boehm 1989] *Boehm, B. W. (Hrsg.):* Tutorial: Software Risk Management. IEEE Computer Society Press, Los Alamitos, CA, 1989.

[Boehm 1991] *Boehm, B. W.:* Software Risk Management: Principles and Practices. In: IEEE Software, January 1991, S. 32-41.

[CMMI 2002] Capability Maturity Model Integrated for Software Engineering, V1.1, Software Engineering Institute, Carnegie Mellon University, Pittsburgh, 2002, *www.sei.cmu.edu/publications/documents/02.reports/02tr028.html* und *.../02tr029.html*; Zugriff am 02.05.2006.

[Fairley 1994] *Fairley, R.:* Risk Management for Software Projects. In: IEEE Software, May 1994, S. 57-67.

[ISO 15504] ISO/IEC TR 15504: Information technology – Software process assessment. Working Draft V1.00, 1998, *www.sqi.gu.edu.au/spice/suite*; Zugriff am 02.05.2006.

[Jones 1994] *Jones, C.:* Assessment and control of Software Risks. Yourdon Press, Englewood Cliffs, NJ, 1994.

[Junginger & Krcmar 2003] *Junginger, M.; Krcmar, H.:* Risikomanagement im Informationsmanagement – eine spezifische Aufgabe des IV-Controllings. Information Management & Consulting, Bd. 18, 2003, Nr. 2, S. 16-23.

[Rauschen & Disterer 2004] *Rauschen, T.; Disterer, G.:* Identifikation und Analyse von Risiken im IT-Bereich. In: HMD – Praxis der Wirtschaftsinformatik, Heft 236, April 2004, S. 19-32.

[Rezagholi 2007] *Rezagholi, M.:* Studie zum Status des Risikomanagements in der Softwareentwicklung. In: HMD – Praxis der Wirtschaftsinformatik, Heft 253, Februar 2007, S. 95-102.

[RiskRadar] Risk Radar, *www.iceincUSA.com*; Zugriff am 02.05.2006.

[RiskTrak] RiskTrak, *www.risktrak.com/prod01.htm*; Zugriff am 02.05.2006.

[Romeike 2000] *Romeike, F.:* IT-Risiken und Grenzen traditioneller Risikofinanzierungsprodukte. In: Zeitschrift für Versicherungswesen, Bd. 51, 2000, Nr. 17, S. 603-610.

[Thomsett 1993] *Thomsett, R.:* Third Wave Project Management. Yourdon Press, Englewood Cliffs, NJ, 1993.

[Wallmüller 2004] *Wallmüller, E.:* Risikomanagement für IT- und Software-Projekte. Hanser, München, 2004.

Prof. Dr. Mohsen Rezagholi
Hochschule Furtwangen
Fakultät Informatik
Robert-Gerwig-Platz 1
78120 Furtwangen
Mohsen.Rezagholi@hs-furtwangen.de
www.hs-furtwangen.de

Konrad Walser, Michael Ziegler, Stefan Böni

Fallbeispiel H-Net – ein schweizerischer Intermediär im Gesundheitswesen

Der Beitrag führt kurz in das Thema der Intermediation im Gesundheitswesen ein und illustriert entsprechende Wertschöpfungspotenziale. Danach wird ein Fallbeispiel anhand der H-Net AG aus der Schweiz gegeben, an dem folgende Sachverhalte dargestellt werden: über H-Net verbundene Partner, von H-Net angebotene Plattform und Technologie sowie eine kurze Darstellung betriebswirtschaftlicher, medizinischer und technischer Dienstleistungen. Ferner erfolgt ein Preisvergleich des elektronischen Rechnungsdatenaustauschs mit den zwei direkten Konkurrenten Medidata und Trustcenter.

Inhaltsübersicht

1 Einleitung

Die Bedeutung des elektronischen Geschäftsverkehrs (EGV) nimmt im Gesundheitswesen der Schweiz in den letzten Jahren massiv zu. Dies hat nicht zuletzt mit der Kostensituation im schweizerischen Gesundheitswesen zu tun, dessen Gesamtkosten derzeit 50 Mrd. CHF überschreiten [Bundesamt für Statistik 2003]. Mit dem EGV lassen sich Transaktionskosten zwischen den Beteiligten senken, da das Gesundheitswesen durch einen hohen Anteil vernetzter administrativer, medizinischer und logistischer Tätigkeiten und Kommunikationsbeziehungen mit vielen Akteuren gekennzeichnet ist.

Zur Beziehungskomplexität im schweizerischen Gesundheitswesen und zur Bedeutung des EGV trägt u.a. die Anzahl Akteure bei. So existieren im schweizerischen Gesundheitswesen ca. 700 Krankenhäuser und ähnliche Institutionen, ca. 19.000 Ärzte, 1.900 Apotheken, 300 Labore und 100 Versicherer oder Kostenträger, die administrative oder medizinische Datenaustausche haben können. Zudem kann davon ausgegangen werden, dass für alle diese Akteure unterschiedliche Softwarelösungen für die Verrechnung vorhanden sind. Ausgehend von der Vielfalt der zu vernetzenden Unternehmen und deren möglichen Informationssystemen befasst sich der vorliegende Beitrag mit der Analyse eines Intermediärs-Geschäftsmodells, der schweizerischen H-Net AG.

Unter dem Begriff des Intermediärs werden unabhängige, ökonomisch handelnde »Agenten« mit der Aufgabe verstanden, Transaktionen zwischen Wirtschaftssubjekten möglichst kostengünstig zu gestalten. Traditionelle Intermediäre besitzen Kernkompetenzen auf dem Weg der Verteilung eines Produktes oder einer Dienstleistung vom Hersteller zum Kunden. Hierzu zählen z.B. die zeitliche, räumliche oder finanzielle Überbrückung zwischen Partnern, der Güterausgleich, Beratungs- und Informationsleistungen oder aber der Datenaustausch zwischen den Partnern [Hartert 2002, S. 27; Brenner & Schubert 1998, S. 183 f.]. Durch die Intermediation resultiert typischerweise eine Reduktion der Transaktionskosten, da die Beteiligten in einem Transaktionsraum »nur noch einmal« mit dem Intermediär statt mit unzähligen möglichen Transaktionspartnern in Kontakt zu treten haben.

Der in diesem Beitrag mehrfach erwähnte TARMED (»*Tar*if *Méd*ical«) bezeichnet den medizinischen Tarif, über den Leistungserbringer (Ärzte) ihre ambulanten Dienstleistungen verrechnen können (inklusive ambulanter Leistungen in Krankenhäusern). Der TARMED stellt sicher, dass gleiche ärztliche Dienstleistungen »schweizweit zur gleichen Anzahl Taxpunkte« ver- und abgerechnet werden [Aerosana 2004, S. 4]. Der Taxpunktwert wird kantonal festgelegt. Für die Verrechnung stationärer Leistungen zwischen Krankenhäusern und den Kostenträgern gelangen bis auf Weiteres kantonale Tarife zur Verrechnung. Diese sollen ab ca. 2009 durch den einheitlichen DRG (Diagnose-orientierte Leistungsverrechnung oder Diagnosis Related Groups) ersetzt werden [Fischer 2004], der in enger Anlehnung an das deutsche Verrechnungssystem entwickelt und implementiert wird.

Im schweizerischen Gesundheitswesen existieren zwei unterschiedliche Abrechnungsverfahren für Dienstleistungen im Gesundheitswesen. Es sind dies das Tiers-Payant- und das Tiers-Garant-Verfahren [Walser & Egle 2005]. H-Net® unterstützt beide Abrechnungsverfahren. Im Tiers-Garant-Verfahren erhält der Patient die Rechnung vom Leistungserbringer direkt und rechnet danach mit der Versicherung ab. Im Tiers-Payant-Verfahren rechnet der Leistungserbringer mit dem Kostenträger ab und dieser kassiert, falls erforderlich, den Rechnungsbeitrag oder entsprechende Differenzen vom Patienten.

In diesem Beitrag werden folgende Themenbereiche anhand des Intermediärs H-Net beleuchtet: über den Intermediär verbundene Partner, Träger- oder Eigentumsverhältnisse [Zbornik 1996, S. 127; Hartert 2002, S. 68], angebotene Dienstleistungen betriebswirtschaftlicher und/oder technischer Natur, betriebswirtschaftliche und technische Überlegungen des Intermediärs in Relation zu den durch ihn verbundenen Partnern (betriebswirtschaftliche Topologien: [Zbornik 1996, S. 127], [Hartert 2002, S. 68]; technische Topologien: [Kaib 2004, S. 53 ff.]), Kategorisierung von Leistungsangebot und Intermediärsfunktion [Bailey 1998], Kosten-Nutzen-Verhältnisse der Intermediärsdienstleistungen, Marktabdeckung sowie Marktanteile im Marktsegment zwischen Kostenträgern und Leistungserbringern.

2 Fallstudie H-Net AG

2.1 Firmenportrait

2001 entstand die Integic, die aus der Seebeyond Schweiz (Produktevertrieb der Enterprise-Application-Integration-Suite Seebeyond) hervorging und u.a. auf die Integration im Krankenhausbereich spezialisiert ist. Zu den Kunden von Integic zählen u.a. Finanzdienstleister und zahlreiche staatliche und private Krankenhäuser. Die Integic ist tätig im Vertrieb und der Implementierung der Sun-Seebeyond-Lösung. Nach 2001 regten zunehmend Krankenhäuser eine neue Lösung für den Electronic Data Interchange (EDI) an. Ab 2003 wurde mit der erwähnten Integrationsplattform das Transaction-Delivery-Network-(TDN-)Konzept H-Net® zwischen drei Krankenhäusern erprobt und im selben Jahr ist die Firma H-Net AG als Betreiberin der Plattform gegründet worden. Die H-Net AG ist ein neutraler Partner und finanziell mit keiner Partei oder politischen Kraft im Gesundheitswesen der Schweiz verflochten [Böni 2005]. Die Eigner der Firma sind die Mitarbeiter. Zu den direkten Konkurrenten von H-Net zwischen Krankenhäusern, Ärzten und Kostenträgern gehören die Medidata AG und die Trustcenter zusammen mit dem Health Info Net (HIN).

2.2 H-Net®-Plattform und darüber verbundene Partner im Gesundheitswesen

Die H-Net®-Plattform bietet aus technischer Sicht ein Netzwerk auf der Basis von Sun-Seebeyond und deren Produkt e*Gate Integrator an, das in der Schweiz zunächst innerhalb von Krankenhäusern zur Integration der verschiedenen IT-Systeme eingesetzt wurde. Ab 2004 realisierte die H-Net AG den produktiven Betrieb der eFaktura; Letzteres ist heute ein Teilmodul der Intermediationslösung von H-Net. Ab den Jahren 2005 und 2006 lassen sich immer mehr Partner im Gesundheitswesen über die H-Net®-Plattform verbinden. Zunächst wurde im Krankenhausbereich von insgesamt 1,5 Mio. Rechnungen pro Jahr ausgegangen, die von Leistungserbringern zu Kostenträgern ausgetauscht werden. Heute sind es bereits 2 Mio. Rechnungen im Krankenhausbereich, die über H-Net® übermittelt werden. Je nach Kanton variieren die elektronischen Verarbeitungen der Rechnungen zudem zwischen 20 % und 80 %. Es gibt Kantone, die (aus politischen oder Kosteneinsparungsgründen) mehr Wert auf die elektronische Verrechnung legen als andere. Limitierend wirkt bei den Versicherern oder Kostenträgern die mangelhafte Integration der Informationssysteme, die für die elektronische Verrechnung relevant sind.

Das für die Plattform eingesetzte Produkt e*Gate Integrator von Sun-Seebeyond ist busorientiert aufgebaut [Böni 2005]. Es handelt sich dabei um die Produktesuite e*Gate 4.5.x. Darauf basiert auch der eigentliche Kern von H-Net®, einer n:m-Hub-and-Spoke-Infrastruktur [Kaib 2004, 85 ff.; 135 ff.; Linthicum 2000; Winkeler et al. 2001, 7 ff.]. Der Hub stellt ein internetbasiertes Transaction Delivery Network (TDN) dar (vgl. zum Begriff Transaction Delivery Network [Altman 2001]). Es werden fachspezifische Meldungstypen in unterschiedlichen Datenformaten ausgetauscht, etwa: Leistungsabrechnungen, Apothekerrechnungen, Laboraufträge und -befunde, medizinische Befunde, radiologische Bilder, Materialbestellungen sowie Zahlungsaufträge und -eingänge. Es erfolgt eine Systemintegration des H-Net-Anschlusses in die Infrastruktur der Nutzer von H-Net. Die Statusverwaltung der Messages oder Datenaustausche erfolgt H-Net®-zentral. Es werden keine Daten gehalten, sondern nur solche weitergegeben.

Die H-Net®-Plattform bietet maximale Sicherheitsstandards, d. h. SSL-2048-Bit-Verschlüsselung, an. Dies stellt eine notwendige Voraussetzung im Gesundheitswesen dar. H-Net® ermöglicht einen revisionstauglichen Datenaustausch sowie die freie Wahl der Datenformate auf der Sender- und Empfängerseite. Es erfolgen durch die H-Net®-Plattform eine formale Validierung und ein automatisches Errorhandling, auch ein ereignisgesteuertes Routing ist möglich. Die Plattform ist fehlertolerant. Daten, Bild und Ton können in beliebigen Größen übertragen werden. Dies ist im medizinischen Bereich etwa für Computertomographie-Studien mit z.B. 3.000 Bildern von hohem Wert. Der Anschluss ist einfach und flexibel handhabbar. Die Plattform ist sehr leistungsfähig und ermöglicht einen wirtschaftlichen Datenaustausch.

Die H-Net®-Plattform wird gezielt von einer (technischen) Datenintegrationsplattform zur umfassenden (betriebswirtschaftlichen und medizinischen) Integrationsplattform im Gesundheitswesen entwickelt. Es können faktisch alle wünschbaren Datenformate über die H-Net®-Plattform integriert und abgewickelt werden. Das Ansinnen des Datenforums Schweiz, über XML-Standards die Formate verschiedener Verrechnungsgeschäftsvorfälle zu standardisieren, ist aufgrund der Diversität der beteiligten Informationssysteme bei Leistungserbringern und Kostenträgern kurz- und mittelfristig unrealistisch. H-Net setzt ausgehend von seinem Integrationsverständnis auf die Datentransformation und nicht nur auf die thematisierte Standardisierung. Jedoch werden die entsprechenden Standards auch von H-Net unterstützt.

Eine Reduktion der Transaktionskosten resultiert für Kunden der H-Net®-Plattform dadurch, dass fast alle Datenformate für ein- und ausgehende Meldungen möglich sind und dafür entsprechende Transformationen angeboten oder in sehr kurzer Zeit neu implementiert werden. Die H-Net nimmt den entsprechenden Leistungspartnern das Datensourcing, die Datentransformation, allenfalls das Splitting der Daten sowie das Laden ins gegenüberliegende System ab. Sind beispielsweise bei Krankenversicherern unterschiedliche Filialmodelle vorhanden, die den Rechnungsdatenaustausch betreffen, ist auch eine Verteilung zu Händen dezentraler Versicherungsstellen mittels Regelmechanismen in der H-Net®-Plattform realisierbar. Zusätzlich kompliziert wird die Punkt-zu-Punkt-Integration ohne Intermediär auch durch unterschiedliche Informationssystemtypen bei Krankenhäusern, Ärzten und Versicherern (d.h. der Anzahl Partner) oder innerhalb der Leistungserbringer, z. B. im Rahmen der Übermittlung von Röntgenbildern. Zu Letzterem bietet H-Net eine voll integrierte Lösung ohne Medienbrüche auf Basis des Internetprotokolls für PACS (Picture Archiving and Communication System (für Digital Imaging and Communications in Medicine (DICOM) und auch non-DICOM)) an.

Die zwischenbetriebliche Integration über die H-Net®-Plattform wird entsprechend der Abbildung 1 zwischen folgenden Partnern ermöglicht [Böni 2005]: Krankenhäuser (aktuell ca. 130; zum Vergleich, Medidata bedient derzeit etwa 100, die EDS (Electronic Data Systems Corporation) etwa 13 Krankenhäuser), Ärzte (derzeit ca. 700; zum Vergleich, Medidata bedient derzeit ca. 1.000 Ärzte; die Trustcenter eine wohl fünfstellige Anzahl von Ärzten), eine Abrechnungskasse für Ärzte, eine Apotheke, drei Labore, sieben Radiologiestationen, ein Print Center, PostFinance, die Zürcher Kantonalbank (ZKB) und Paynet für EBPP (Electronic Bill Presentation and Payment), Logistikdienstleister wie etwa die Schweizerische Post oder Logigate, die Transaktionsplattform der Firma Global Healthcare Exchange (GHX), drei Trustcenter, 34 Versicherer über Mediport (Medidata-Roaming) und 44 Versicherer teilweise direkt.

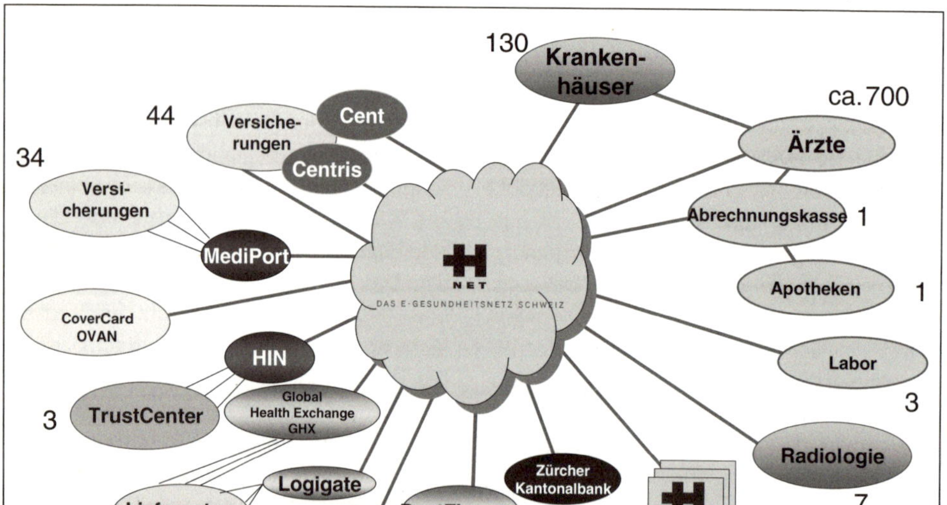

Abb. 1: Über H-Net® verbundene Partner [Böni 2005]

In Abbildung 1 steht OVAN für OFAC Value Added Network. Die OFAC ist die Berufsgenossenschaft der Apotheker und zudem die Intermediärin zwischen Apothekern und Versicherern für den (Rechnungs-)Datenaustausch (Rezepte etc.). HIN steht für Health Info Net, einen technischen Intermediär im Gesundheitswesen der Schweiz. PostFinance ist der Finanzdienstleister der Schweizerischen Post. Die Paynet gehört zur Telekurs-Gruppe in Zürich, dem größten schweizerischen Intermediär im Finanzdienstleistungsbereich. PostFinance und Paynet bieten neben der Zürcher Kantonalbank EBPP-Dienstleistungen (elektronische Rechnungsstellung und -bezahlung) an. Über Paynet, die Tochter der Telekurs AG (Interbank-Clearing), sind fast alle Finanzdienstleister der Schweiz in das EBPP-Netzwerk integriert.

Die H-Net AG geht basierend von ihrer Intermediärsplattform von einer zweistufigen Geschäftsentwicklung aus. Auf einer ersten Stufe wurde die Integration im administrativen Bereich für Krankenhäuser verwirklicht (betriebswirtschaftliche Ebene des Datenaustausches, Rechnungsdatenaustausch). In einer zweiten Phase (Beginn ca. ab Anfang 2006) wird auf das Datenclearing im medizinischen Bereich zwischen den Leistungserbringern sowie gegenüber Beschaffungspartnern gesetzt. Dazu gehört z. B. der erwähnte Austausch von Radiologiedaten und -bildern oder anderen medizinischen Informationen.

2.3 »H-Net®-Business-Connector«

Der H-Net®-Business-Connector stellt das umfassende Interface oder den Adapter für die mit der H-Net®-Plattform verbundenen Partner dar. Ein nicht vollständiger Katalog von Intermediärsdienstleistungen, die über den Business-Connector 4.0 angeboten werden, lautet wie folgt: eFaktura Tiers Payant, eFaktura Tiers Garant, Druck und Versand von Papierrechnungen, eProcurement und Delivery über PostLogistik, eProcurement via GHX/e-mediat, ePayment Post und Bank, Covercard-Abfrage sowie EBPP im B2C-Bereich. Künftig sollen auch Kostengutsprachen für Krankenhäuser sowie Master-Patient-Index als Dienstleistungen ermöglicht werden. Unter anderen werden heute oder künftig folgende weitere Dienstleistungen erbracht: eXRay, eLab-Auftrag und eLab-Befund [Böni 2005]. Die weiter oben erwähnte Covercard ist ein Magnetkartenangebot der OFAC, die neben der Bereitstellung anderer Dienstleistungen die Rechnungsdaten der Apotheken bündelt oder Kostengutsprachen ermöglicht. So haben z.B. Krankenhäuser, Ärztinnen und Ärzte die Möglichkeit, administrative Daten ihrer Patienten via Browser oder direkt mit der Praxissoftware online abzurufen. Der Kartenstandard von OFAC wird auch von HIN (Health Info Net), einem anderen Intermediär, unterstützt. Zudem hat die santésuisse (Branchenverband der schweizerischen Krankenversicherer) im Herbst 2005 (zusammen mit der OFAC) beschlossen, dass die Covercard der aktuelle Standard für alle Versichertenkarten und die Grundlage für eine künftige Gesundheitskarte wird [santésuisse 2005].

Das Basispaket des H-Net®-Business-Connectors 4.0 mit den geschilderten Dienstleistungen basiert auf verschiedenen Modulen, die wie folgt lauten [Böni 2005]: Modul eFaktura ambulant (auf Basis des H-Net®-Secure-Clients); Modul eFaktura Tiers Payant ambulant, Modul eFaktura Tiers Garant ambulant, Modul Covercard-System, Modul ePayment PostFinance, Modul eProcurement PostLogistik und GHX, Modul EBPP mit Yellobill oder Paynet, Modul elektronische Kostengutsprache (ab 4. Quartal 2006; eKOGU) sowie das Modul XMIT/Rechnungsbeilagen. Kostengutsprachen sind Abklärungen von Krankenhäusern bei Krankenversicherern vor einer Behandlung eines Patienten, um Versicherungsstatus und -deckung des Patienten abzuklären. Bei XMIT handelt es sich um einen Standard für Data- oder Meldungs-Container. Mittels XMIT können Rechnungszusatzdaten im XML-Format versendet werden [Schellenberg 2005b]. Abbildung 2 zeigt die bereits erwähnten

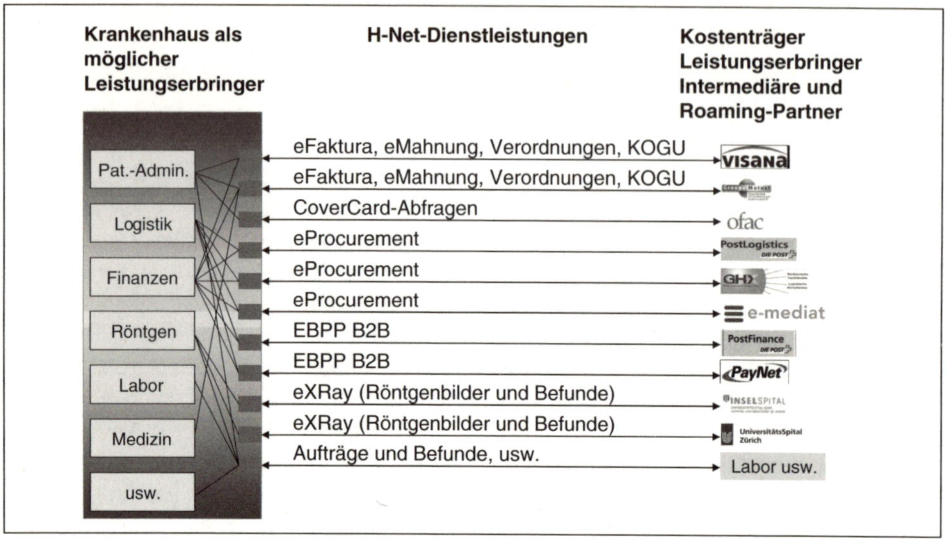

Abb. 2: Mögliche Produkte auf Basis des H-Net®-Business-Connectors zwischen Versicherung und Partnern [Böni 2005]

Produkte in der Anwendung zwischen Krankenhaus und verschiedenen Partnern sowie im Bereich EBPP.

Damit die betriebswirtschaftlichen und medizinischen Dienstleistungen mittels elektronischen Geschäftsverkehrs oder elektronischer Prozessunterstützung von der H-Net AG angeboten werden können, sind noch verschiedene technische Anforderungen an die e*Gate-Plattform zu nennen: Chiffrierung/Dechiffrierung, Meldungssignatur, Transport mit H-Net®-proprietärem Protokoll, garantierte Ein-/Auslieferung der Daten, Datenkomprimierung (z. B. für Radiologiedaten/DICOM), Formatkonvertierungen, ereignisbasiertes Splitting und/oder Routing, formale Validierung, automatisches Errorhandling, Transaction Monitoring, Journalisieren und Alarmfunktionen sowie das Angebot zur Implementierung von Web-Services. Es werden als Dienstleistungen ein technischer Support 7x24 Stunden und ein Helpdesk sowie zusätzlich zu den in Abbildung 2 dargestellten Dienstleistungen auch noch Data-Container-Funktionalität (XMIT) angeboten.

2.4 Prozessabwicklung ohne und mit H-Net-Einsatz

Für die weitere Entwicklung wichtig dürfte das transparente Preis-Leistungs-Verhältnis und die Bereitschaft und Fähigkeit von H-Net sein, sich rasch an die wandelnden Bedürfnisse der verbundenen Partner im Gesundheitswesen und entsprechende (gesetzliche oder Branchen-)Änderungen anzupassen. Eine vereinfachte Darstellung einer nicht integriert abgewickelten eFaktura mag zeigen, wie aufwendig ein solcher Prozess wird.

Das Krankenhaus versendet eine eFaktura (XML300). Der Versicherer macht eine Rückweisung, da der Patient nicht bekannt ist. Das Krankenhaus klärt ab und versendet die eFaktura erneut (XML300). Der Versicherer führt eine Rückweisung durch, da der Tarif falsch angewendet wurde. Das Krankenhaus storniert die Rechnung und erstellt eine neue eFaktura. Das Krankenhaus versendet die eFaktura in XML400. Der Versicherer kann XML400 erst später verarbeiten oder ist dafür nicht bereit. Das Krankenhaus wartet so lange, bis die Verarbeitung möglich ist, oder erstellt eine Papierrechnung. XML 300 und XML 400 stellen XML-Formate für elektronische Rechnungsantworten und Mahnungsantworten dar. Durch dieses Vorgehen entstehen beim Leistungserbringer neben unterschiedlich hohen Übermittlungskosten (u. a. auch wegen Medienbrüchen) auch intern zusätzliche administrative Kosten.

Es sei deshalb auf den im Folgenden dargestellten Verlauf einer Transaktion mit H-Net®-Einsatz hingewiesen. Das Krankenhaus erfasst den Patient mittels Covercard-Abfrage. Das Krankenhaus stellt eine Kostengutsprache-Anfrage (KOGU) elektronisch an die Versicherung. Das Krankenhaus erhält eine KOGU-Antwort elektronisch von der Versicherung. Das Krankenhaus erfasst Leistungen. Das Krankenhaus erstellt eine eFaktura (Format und Tarifkontrolle automatisiert). Das Krankenhaus versendet die eFaktura in beliebigem technischem Format. Die Versicherung erhält die eFaktura in einem für sie elektronisch lesbaren Format. Das Krankenhaus erhält einen Zahlungseingang direkt elektronisch z. B. über PostFinance und deren EBPP-Dienstleistung. Mit diesem Vorgehen können die Aufwands- und Administrationskosten im Vergleich zum vorher dargestellten Vorgehen gesenkt werden.

Auch für die Abwicklung des Kreditorengeschäfts bei Materialbestellungen auf der Beschaffungsseite der Leistungserbringer (z. B. für Krankenhäuser und Ärzte) ist die H-Net AG Kooperationen sowohl mit PostFinance, Paynet sowie der ZKB (Zürcher Kantonalbank) als auch mit GHX sowie der Logistikanbieterin »Die Schweizerische Post« eingegangen. Die H-Net AG positioniert sich mittels Roaming-Verträgen unter anderem und teilweise im Vergleich zu den direkten Konkurrenten Medidata und Trustcenter auch als Intermediär auf der Beschaffungsseite der Gesundheits-Wertschöpfungskette (zunächst für Krankenhäuser). Die Entwicklung der Nutzungszahlen ist positiv. Wesentlich für die künftige Entwicklung von H-Net dürften die Roaming-Politik, die Innovationskraft, die herausragenden technischen Fähigkeiten, die Flexibilität und der effiziente und ökonomische Umgang mit den (finanziellen und technischen) Ressourcen sein.

2.5 Pricing der Dienstleistungen im Vergleich zu den Wettbewerbern

Im direkten Vergleich mit drei Konkurrenten auf dem Gebiet des elektronischen Rechnungsdatenaustauschs (eFaktura) zwischen Leistungserbringern und Kostenträgern können folgende Aussagen zu den Preisen der Intermediärsdienstleistungen von H-Net gemacht werden. Die erweiterte Basis dazu bilden [Schellenberg 2005a], [Schellenberg 2006] sowie Auskünfte eines Interviewpartners bei einem mittelgroßen Kostenträger (vgl. dazu auch [Walser & Egle 2005]).

Trustcenter: Die Kostenträger, die die Rechnungen bei den ärzteseitigen Trustcentern abholen, zahlen im Tiers Garant eine Transaktionsgebühr von 1 CHF. Die Trustcenter verlangen für die ausgehenden Rechnungen offiziell 1,40 CHF. Inoffiziell wird von 1 CHF gesprochen. Zusätzlich zu diesen Kosten fallen noch 0,02 bis 0,03 CHF an für die Übermittlung über die Plattform von HIN sowie eine monatliche Gebühr von 50 CHF pro Trustcenter, von dem Rechnungen bezogen werden. Werden beispielsweise von (allen) 11 Trustcentern Rechnungen bezogen, ergibt das einen monatlichen Betrag von 550 CHF.

Medidata: Für die Leistungserbringer ist die Einspeisung der Rechnungen wie erwähnt kostenlos. Die Kostenträger zahlen unterschiedliche Preise. Die großen fünf Kostenträger und Hauptaktionäre von Medidata zahlen Pauschalpreise im sechs- bis siebenstelligen Bereich pro Jahr (insgesamt rund 8,4 Mio. CHF gemäß [O.V. 2006]). Darin sind alle Dienstleistungen, die Medidata bietet, eingeschlossen, z.B. auch die Nutzung diverser Kataloge und entsprechende Datenzugriffe [Walser & Egle 2005]. Die nicht zu den fünf großen schweizerischen Versicherern gehörenden Kostenträger haben Kosten von

0,30 CHF bei Konzentratoren im Tiers Payant (z.B. OFAC) und 0,90 CHF bei Kostenträgern im Tiers Garant pro Rechnung zu tragen. Der offiziell kommunizierte Preis liegt jedoch im Tiers Payant bei 1,40 CHF.

H-Net führt zwei Rechenmodelle für zwei unterschiedliche Dienstleistungen. Für den Business-Connector, der den größten Dienstleistungsumfang enthält [Böni 2005], fallen jährlich je nach Größe des Unternehmens tiefe bis hohe fünfstellige Kosten an. Für die Transaktion der eFaktura, eine Teildienstleistung des Business-Connectors, fallen Senderkosten von 0,25 bis 0,50 CHF (für den Arzt, respektive das Krankenhaus) an. Wird beispielsweise eine gestellte Rechnung vom Absender verschickt, zahlt er 0,50 CHF. Eine Rückweisung der Rechnung (Anteil kleiner als 10 %) durch den Kostenträger schlägt wieder mit 0,50 CHF zu Buche.

EDS (Nutzer der Krankenhaussoftware DIOHIS von EDS) verfolgt das gleiche Preismodell wie H-Net. Verursacher zahlen pro versendete Rechnung 0,50 CHF. An EDS angeschlossen sind ca. 13 Krankenhäuser. Über einmalige Anschluss- oder Pauschalgebühren ist nichts bekannt.

Es erfolgt heute erst mit circa sieben von 100 Krankenversicherern ein durchgängig integrierter elektronischer Datenaustausch. Bei einem von diesen, einem mittelgroßen Kostenträger, erfolgt erst eine vollständige elektronische Einspeisung und Verarbeitung für ca. 50 % von etwa 3,5 Mio. Rechnungen jährlich. Ausgehend von den drei Finanzierungsarten der Intermediäre (durch Leistungserbringer, unabhängig, durch Kostenträger), aber auch abhängig von anderen Kriterien, lässt sich über unterschiedliche Erfolge der Intermediäre diskutieren.

2.6 Einsparpotenziale durch elektronische Leistungsverrechnung

Das Sparpotenzial, das sich aufgrund eines vereinbarungsgemäßen elektronischen Datenaustauschs zwischen Leistungserbringern (hier aus der Sicht des Krankenhauses) und -trägern nach [Ziegler 2006] ergibt, lautet wie folgt: Der Papierweg der Verrechnung generiert im Krankenhaus Kosten von 4 bis 8 CHF. Darin eingeschlossen sind die Rechnungsaufbereitung, der Druck, die Verpackung und der Postversand. Bei den Versicherern resultieren Kosten der Papierrechnung von 8 bis 12 CHF. Darunter sind Prozesskosten zu subsumieren wie Scanning, Nachbearbeitung, Validierung und Einlesen in die versicherungseigene Software. Der elektronische Weg dagegen generiert bei den Krankhäusern bei der Übermittlung mit H-Net Kosten von 0,50 CHF und bei den Kassen von 0 CHF. Aus der volkswirtschaftlichen Perspektive ließen sich damit auf dem elektronischen Weg bei der Rechnungsabwicklung des Krankenhauses mindestens 10 CHF einsparen. Nicht quantifiziert resultieren zusätzlich Zeit- und (Daten-)Qualitätsgewinne. Bei einer Schätzung von ca. 5 Mio. jährlichen Rechnungen von Krankenhäusern resultieren damit Einsparpotenziale von 50 Mio. CHF. Dieses Einsparpotenzial ist bei den Ärzten noch wesentlich größer, insbesondere aufgrund von Economies of Scale. [Schellenberg 2006] gibt Einsparpotenziale von mindestens 3,50 CHF für den Vergleich elektronisch verarbeitete versus herkömmliche Papierrechnung an. Die geringeren Einsparpotenziale ergeben sich bei den Leistungserbringern, die den Druck und Versand der Papierrechnung – je nachdem, ob Tiers Payant oder Tiers Garant zum Einsatz gelangt, unterschiedlich – vermindern können. Die größeren Einsparpotenziale liegen bei den Kostenträgern, die geringere Prozesskosten für das Einlesen und die Verarbeitung der Rechnungen haben.

3 Zusammenfassung und Ausblick

Die strategischen Erfolgsfaktoren der H-Net®-Plattform lauten wie folgt: Sie ermöglicht eine Einhaltung der TARMED-Vereinbarung zwischen Leistungserbringern und Kostenträgern. Sie bietet die technischen Grundlagen (e*Gate-Plattform von Sun-Seebeyond, H-Net®-Transaction Delivery Network) und Weiterentwicklungspotenziale, die damit einen Beitrag zur ökonomischen Gesundung des schweizerischen Gesundheitswesens hinsichtlich Zeit-, Kosten- und Qualitätskriterien leisten können. Die H-Net®-Plattform bietet zudem eine breite Dienstleistungspalette im elektronischen Geschäftsverkehr über die gesamte Wertschöpfungskette des schweizerischen Gesundheitswesens an. Zu erwähnen ist ferner die Breite des unmittelbaren Portfolios an Intermediärs-(dienst)leistungen auf betriebswirtschaftlicher und technischer Ebene. Das Unternehmen H-Net ist finanziell unabhängig bezüglich Parteien im Gesundheitswesen, hat aber aus historischen Gründen eine gewisse Nähe zur Krankenhausbranche. H-Net hat zudem nachweisbare Fähigkeiten auch in anderen Branchen. Interessant für die weitere Entwicklung des Intermediärs sind dessen Netzwerkgröße und die Art der Anbieter und Kunden (Netzwerkeffekte etwa im Sinne Metcalfes Law [Shapiro & Varian 1998]) sowie die Art und Anzahl der Roaming-Abkommen und -Partner. Wichtig für eine erfolgreiche Weiterentwicklung sind die Individualisierbarkeit der Dienstleistungspalette aus der Kunden- oder Partnerperspektive und der unabhängige Interessenausgleich zwischen den zusammenarbeitenden Partnern. Der Wettbewerb unter den Intermediären der Gesundheits-Wertschöpfungskette ist ein Wettbewerb bezüglich betriebswirtschaftlicher, medizinischer und technischer Services oder Dienstleistungen, die auf technischen Plattformen angeboten werden. Diesbezüglich ist H-Net gut positioniert.

4 Literatur

[Aerosana 2004] *Aerosana:* Was ist der TarMed, 2004, *www.aerosana.ch/pdf/de_bulletin_1_04.pdf*; Zugriff am 04.01.2005.

[Altman 2001] *Altman, R.:* What is a Transaction Delivery Network, 2001, *http://gartner.lib.depaul.edu/gartner_intraWeb/research/97900/97952/97952.pdf*; Zugriff am 06.06.2006.

[Bailey 1998] *Bailey, J. P.:* Intermediation and Electronic Markets: Aggregation and Pricing in Internet Commerce, 1998, *www.smith.umd.edu/faculty/jbailey/pub/phdthesis.pdf*; Zugriff am 30.12.2004.

[Böni 2005] *Böni, S.:* H-Net – Die Integrationsplattform für das Schweizer Gesundheitswesen. Präsentation vom 29.09.2005 vor der Swiss ICT Fachgruppe Investment, *www.pascal-sieber.net/files/cno/cno-05/fg12-stefan-boeni.pdf*; Zugriff am 07.03.2006.

[Brenner & Schubert 1998] *Brenner, W.; Schubert, C.:* Cyber-Intermediaries – Die neuen Dienstleister des 21. Jahrhunderts: Eine Rollen- und Wertschöpfungstheoretische Analyse. In: Burkhardt, T.; Lohmann, K. (Hrsg.): Banking und Electronic Commerce im Internet. Spitz, Berlin, 1998, S. 131-159.

[Bundesamt für Statisktik 2003] *Bundesamt für Statistik – Gesundheitsobservatorium:* Kosten des Gesundheitswesens (der Schweiz), 2003, *www.bfs.admin.ch/bfs/portal/de/index/themen/gesundheit/gesundheitsversorgung/kosten__finanzierung/kennzahleno/kosteno/ueberblick.html*; Zugriff am 14.06.2006.

[Fischer 2004] *Fischer, W.:* Gesucht: Ein DRG-System für die Schweiz – Kurzer Überblick zum Beginn der Arbeiten am SwissDRG-Projekt, 2004, *www.swissdrg.org/assets/pdf/de/DRG-CH-Modellwahl-0404.pdf*; Zugriff am 06.12.2005.

[Hartert 2002] *Hartert, D.:* Global Virtual Market – Konzept für einen dezentral organisierten elektronischen Markt, 2002, *http://bibserv7.bib.uni-mannheim.de/madoc/volltexte/2003/59/pdf/59_1.pdf*.

[Kaib 2004] *Kaib, M.:* Enterprise Application Integration – Grundlagen, Integrationsprodukte, Anwendungsbeispiele. DUV, Wiesbaden, 2004.

[Linthicum 2000] *Linthicum, D.:* Enterprise Application Integration. Addison-Wesley, Boston, 2000.

[O.V. 2006] *o. V.:* Versicherer bitten doppelt zur Kasse. In: Sonntagszeitung vom 06.03.2006, S. 68.

[santésuisse 2005] *santésuisse:* Das Versichertenkartencenter (VeKa) von santésuisse und Ofac bestätigen offiziell ihre Zusammenarbeit bei der europäischen Versichertenkarte, 2005, *www.konsum.ch/kf-news/Communique_santesuisse_ofac_D.pdf*; Zugriff am 06.06.2006.

[Schellenberg 2005a] *Schellenberg, R.*: Was darf eine elektronische Rechnung kosten? Mai 2005, *www.portx.ch/de/media/files/klinik_und_heim_5-05_paper-sel.pdf*; Zugriff am 01.03.2006.

[Schellenberg 2005b] *Schellenberg, R.*: Vor- und Nachteile zukunftsorientierter Lösungsansätze. Proceedings der eHealthcare 05 in Nottwil/CH, 2005, *www.portx.ch/de/media/files/eHealthcare-05-referat-schellenberg.pdf*; Zugriff am 06.06. 2006.

[Schellenberg 2006] *Schellenberg, R.*: Ambulante Rechnungen in der Schweiz: Was darf eine elektronische Rechnung kosten? 2006, *www.ebpp info.de/portal/forum/schellenberg*; Zugriff am 01.03.2006.

[Shapiro & Varian 1998] *Shapiro, C.; Varian, H.*: Information Rules: A Strategic Guide to Network Economy. Harvard Business School Press, Boston, Mass., 1998.

[Walser & Egle 2005] *Walser, K.; Egle, U.*: Intermediation im schweizerischen Gesundheitswesen. Arbeitsbericht Nr. 163, Institut für Wirtschaftsinformatik, Universität Bern, Bern, 2005.

[Winkeler et al. 2001] *Winkeler, T.; Raupbach, E.; Westphal, L.*: Enterprise Application Integration als Pflicht vor der Business-Kür. In: Information Management & Consulting 1 (2001) 16, S. 7-16.

[Zbornik 1996] *Zbornik, S.*: Elektronische Märkte, elektronische Hierarchien und elektronische Netzwerke: Koordination des wirtschaftlichen Leistungsaustausches durch Mehrwertdienste auf der Basis von EDI und offenen Kommunikationssystemen, diskutiert am Beispiel der Elektronikindustrie. Konstanz, 1996.

[Ziegler 2006] *Ziegler, M.*: Nationale Gesundheitsinfrastruktur – Die zentrale Bedeutung einer geordneten eHealth-Vernetzung Schweiz, Vortrag, gehalten am SGMI-Jahreskongress (Schweizerische Gesellschaft für Medizin-Informatik SGMI) vom 02.05.2006 in Basel, 2006.

Dr. rer. oec. Konrad Walser
Universität Bern
Institut für Wirtschaftsinformatik
Engehaldenstr. 8
CH-3012 Bern
Konrad.walser@gmail.com
www.im.iwi.unibe.ch

Dipl.-Ing. ETH Dipl.-Wirtsch.-Inform. Michael Ziegler
Stefan Böni
H-Net AG
Stampfenbachstr. 40
CH-8006 Zürich
michael.ziegler@h-net.ch
stefan.boeni@freesurf.ch
www.h-net.ch

HMD-Glossar

Im Zuge der Weiterentwicklung der Informationstechnologie und ihrer Anwendungen entstehen laufend neue, auch synonyme und leider oft unscharf gegeneinander abgegrenzte Begriffe. Das ab HMD 227 aufgenommene Einzelheft-Glossar zum jeweiligen Schwerpunktthema soll Ihnen, liebe Leserinnen und Leser, den Umgang damit erleichtern.

Ab Heft 240 finden Sie unter http://hmd.dpunkt.de neben den Einzelheft-Glossaren auch ein akkumuliertes HMD-Gesamtglossar. Dort können Sie gezielt nach der Definition von Begriffen suchen, die seit dem Erscheinen von Heft 227 in einem oder mehreren HMD-Heften angesprochen worden sind.

Glossar zu IT-Controlling

Balanced Scorecard

Die Balanced Scorecard (BSC) ist ein methodischer Ansatz aus dem Performance Measurement. Die strategische Steuerung von Unternehmen wird hier nicht mehr als eindimensionale und an finanziellen Größen ausgerichtete Aufgabe verstanden, sondern durch eine mehrdimensionale Sichtweise ersetzt. Ein Unternehmen wird parallel über mehrere Perspektiven und diesen zugeordnete Kennzahlen (oft KPI oder Key Performance Indicator) gesteuert. Die BSC unterstützt die Präzisierung, Operationalisierung und Umsetzung der strategischen Planung. Diese aus der Unternehmenssteuerung kommende Konzeption wird auch auf einzelne Unternehmensbereiche, wie beispielsweise die IT, übertragen. Typische Perspektiven in BSCs für die IT-Steuerung sind Finanz-, Kunden-, Prozess- und Mitarbeiterperspektive. In der Praxis findet man weitere Perspektivenbildungen, so z. B. die Lieferantenperspektive (bei intensivem Outsourcing) oder eine Sicherheitsperspektive.

Benchmarking

Benchmarking ist der regelmäßige Vergleich von Produkten, Dienstleistungen und Prozessen mittels Kennzahlen (den Benchmarks) zwischen verschiedenen Unternehmen oder Organisationen. Ziel ist es, aus den Unterschieden in den Benchmarks Verbesserungsmöglichkeiten in den teilnehmenden Organisationen zu erkennen und entsprechende Veränderungsmaßnahmen einzuleiten. Dabei werden oftmals auch die Vorgehensweisen der besseren oder leistungsfähigen Organisationen als Best Practice angesehen und übernommen. Voraussetzungen für erfolgreiches Benchmarking sind neben der regelmäßigen Durchführung die Vergleichbarkeit und die Verfügbarkeit der Kenngrößen sowie die vertrauliche Handhabung der von den Teilnehmern vorgelegten Daten.

Controlling-Regelkreis

Der Regelkreis ist das universelle Grundmuster jeder Steuerung. Er besteht aus den Schritten Planung, Umsetzung, Analyse und Korrektur und wird so lange und immer wieder durchlaufen, bis das Steuerungsziel erreicht wurde und/oder eine vorgegebene Zeitspanne verstrichen ist. Insbesondere im Umfeld des Qualitätsmanagements sind Steuerungsregelkreise unter dem Begriff des »PDCA-Cycle« (**P**lan, **D**o, **C**heck, **A**ct) bekannt.

Earned-Value-Analyse

Die Earned-Value-Analyse (EVA) ist eine Methode zur Steuerung von Projekten. Für ein Projekt werden zu jedem Zeitpunkt die kumulierten Plankosten, die kumulierten Istkosten und die kumulierten Sollkosten miteinander verglichen. Die Sollkosten, bezeichnet hier als »earned value«, ergeben sich aus dem erreichten Fertigstellungsgrad des Projektes, indem man die Frage beantwortet, welche kumulierten Kosten für den ermittelten Fertigstellungsgrad gemäß Planung angefallen wären. Die wesentlichen Kenngrößen zur Beurteilung des aktuellen Projektstatus sind der Quotient aus »earned value« und den kumulierten Plankosten, den man als Schedule Performance Index (SPI) bezeichnet, und der Quotient aus »earned value« und kumulierten Istkosten, den man als Cost Performance Index (CPI) bezeichnet. Ist SPI < 1, so liegt das Projekt nicht mehr im Zeitplan. Ist CPI < 1, so liegt das Projekt nicht mehr im Budgetrahmen.

IT-Controlling

Controlling (wörtlich übersetzt: Steuerung) ist ein Teilbereich des Managements und umfasst alle Tätigkeiten und Hilfsmittel, um die Planung, Steuerung und Entscheidungsvorbereitung im Management zu unterstützen. Unter der Entscheidungsverantwortung des Managements übernimmt das Controlling die Transparenzverantwortung. IT-Controlling ist insofern das Fachcontrolling für die IT. Je nach Fokussierung unterscheidet man weiter nach IT-Demand-Controlling, IT-Supply-Controlling und IT-Governance-Controlling.

IT Financial Management

In ITIL (Information Technology Infrastructure Library) ist Financial Management einer der Kernprozesse. Es trägt dazu bei, dass durch die Planung von Aufwand, Erlös und Weiterverrechnung einer IT-Leistung (→IT-Leistungsverrechnung) die für den Betrieb erforderlichen finanziellen Mittel rechtzeitig bereitgestellt werden. Aufgaben des IT Financial Management sind Budgetierung und Buchführung als Pflichtbestandteile und Leistungsverrechnung als optionaler Bestandteil.

IT-Governance

Unter Governance werden Grundsätze, Verfahren und Maßnahmen zusammengefasst, die zur Unterstützung und Durchsetzung der Unternehmensziele und -strategien beitragen sollen. Als integraler Teil der Unternehmensführung und abgeleitet aus der Corporate Governance strebt IT-Governance nach einer Ausrichtung der IT auf die Geschäftstätigkeit (IT-(Business-)Alignment), einem verantwortungsvollen Umgang mit IT-Ressourcen und den damit verbundenen Risiken sowie dem Erkennen und Nutzen von IT-inhärenten Wettbewerbsvorteilen. Sofern IT direkt betroffen ist oder auch nur mittelbar dazu beiträgt, gehört auch die Sicherstellung von Compliance in den Bereich der IT-Governance. IT-Governance ist also das Regelwerk, das das Zusammenspiel von IT-Demand und IT-Supply in einer Organisation regelt. Sie legt fest, wer welche IT-Leistungen anbieten und erstellen darf und wer welche IT-Leistungen nachfragen und abnehmen darf. Mit CobiT (Control Objectives for Information and Related Technology) liegt ein bekanntes Referenzmodell vor, das die Umsetzung von IT-Governance in Organisationen unterstützen soll. Verantwortlich für die Umsetzung der IT-Governance ist der CIO.

IT-Leistungsverrechnung

Um die wirtschaftliche Erstellung und Verwendung von IT-Leistungen herbeizuführen und sicherzustellen, führen viele Organisationen eine IT-Leistungsverrechnung durch. Dabei werden definierte (und z. B. in Service Level Agreements genau spezifizierte) Leistungen zu vorab kalkulierten und periodenweise festgelegten Preisen an die IT-Kunden abgegeben und ergebniswirksam verrechnet. Durch Variation der Abnahmemenge und/oder der Wahl anderer Leistungsausprägungen (Service Levels) kann der Kunde seine IT-Kosten beeinflussen. Voraussetzungen einer IT-Leistungsverrechnung sind Stückkostenrechnung und geeignete Abrechnungsverfahren.

IT-Revision

Die (interne) Revision prüft im unmittelbaren Auftrag der Unternehmensleitung die Organisationseinheiten sowie Prozessabläufe hinsichtlich der Einhaltung von Vorgaben und Vorschriften. Prüfungskriterien sind Ordnungsmäßigkeit, Risiken, Sicherheit, Wirtschaftlichkeit, Zukunftssicherheit und Zweckmäßigkeit. Schwerpunkte der IT-Revision als Teil der internen Revision sind Prüfung der IT-Systeme und -Infrastrukturen, IT-Leistungserstellung und IT-gestützte Abläufe.

Kennzahlensystem

Ein Kennzahlensystem ist eine Liste von Kennzahlen, die zu einem bestimmten Zeitpunkt eine quantitative Aussage über den geplanten oder tatsächlichen Zustand eines Steuerungsobjektes macht. Die Kennzahlen des Kennzahlensystems sind gewissermaßen die »Koordinaten« des Steuerungsobjektes.

Monitoring

Im CobiT-Prozessmodell (CobiT – Control Objectives for Information and Related Technology) werden unter dem Gruppenbegriff »Monitoring« die vier Prozesse »Prozesse überwachen«, »Interne Steuerung bewerten«, »Unabhängige Bewertung einholen« und »Unabhängige Auditierung vorsehen« zusammengefasst. Das Monitoring in CobiT deckt also den Kontrollaspekt des (IT-)Controllings ab, nicht aber das IT-Controlling insgesamt.

Multiprojekt-Controlling

Das Multiprojekt-Controlling setzt auf einem definierten und vorgegebenen Projektportfolio auf. Es ist verantwortlich für die übergreifende Koordinierung und Steuerung der Projekte vor dem Hintergrund gemeinsamer Ressourcennutzung. Es stellt sicher, dass die einzelnen Projekte professionell und effizient durchgeführt werden. Dazu werden einheitliche Verfahren für die Einzelprojektsteuerung bereitgestellt.

Projektportfolio-Controlling

Das Projektportfolio-Controlling befasst sich mit der Aufgabenstellung, welche IT-Projekte durchgeführt werden sollen. Dazu werden Projektvorhaben nach einheitlichen Verfahren bewertet und priorisiert (auch als Wirtschaftlichkeitsbetrachtungen oder »business cases« bezeichnet). Es unterstützt die Erstellung der Projektportfolios. Eine besondere Herausforderung ist die Bewertung der nichtmonetären Nutzeffekte von IT-Projekten.

Bitte beachten Sie unsere Leserumfrage auf *http://hmd.dpunkt.de* und nehmen Sie an der Buchverlosung teil!

Vielen Dank fürs Mitmachen.

Ihre HMD-Redaktion

Notizen

GI-Fachgruppe 5.7 IT-Controlling

IT-Controller müssen oftmals in ihren Organisationen als »Einzelkämpfer« tätig sein. Für einen Erfahrungsaustausch mit IT-Controllern gibt es mehrere, meist kommerzielle Plattformen. Eine Non-Profit-Organisation in diesem Bereich ist die Fachgruppe 5.7 IT-Controlling in der Gesellschaft für Informatik. Hier kommen IT-Controller, Wissenschaftler und Berater zusammen, die sich mit diesem Thema befassen. Die Mitglieder treffen sich dreimal pro Jahr. Auf den eintägigen Workshops werden Vorträge und Erfahrungsberichte aus dem Kreis der Teilnehmer gehalten, und es wird diskutiert und gefachsimpelt. Mitmachen kann jeder, der am Thema IT-Controlling interessiert ist. Eine Mitgliedschaft in der GI ist die einzige formale Anforderung. Weitere Informationen über *www.gi-ev.de* oder *www.gifg57.de*. Interessierte setzen sich bitte mit dem Sprecher der Fachgruppe in Verbindung.

Normen für die IT

Ohne Normung ist eine hochentwickelte Industriegesellschaft nicht denkbar. Die Fülle der Normen ist riesig (vgl. *www.din.de*). Für den Laien ist es immer wieder überraschend, zu welchen Themen es Normen gibt, was also offenbar normierbar ist. Fragt man aber nach Normen in der IT, so findet man hier nicht allzu viel. Natürlich kennt man die Normen aus dem Bereich des Projektmanagements (DIN 69900 ff.), des Qualitätsmanagements (DIN EN ISO 9001 ff.), aber das sind Normen, die nicht IT-spezifisch sind. Hinzugekommen sind in den vergangenen Jahren Normen zum IT-Servicemanagement (ISO 20000) und IT-Sicherheitsmanagement (ISO/IEC 17799 und ISO/IEC 27001). Außerdem gibt es im Umfeld des Software Engineering weitere Normenwerke, die aber gemeinhin unbekannt sind. Mehr Aufmerksamkeit verdient hätte die Normenfamilie ISO/IEC 15504 über »Process Assessments« im Software Engineering. Oder die Norm DIN 66273 über die »Messung und Bewertung der Leistung von DV-Systemen«. Ursprünglich eher für die Leistungsmessung technischer IT-Systeme gedacht, könnte sie – da sie die Leistungsmessung über Aufträge definiert, die man an das System übergibt – ohne Weiteres auf Fragestellungen im Servicemanagement übertragen werden. Bleibt die Frage, ob man nicht auch einmal an die Normung der Total Cost of Ownership denken könnte ...

Was wissen Controller vom IT-Controlling?

IT-Controlling ist ein Fachcontrolling, das sich mit der IT befasst. Da stellt sich die Frage, wie IT-Controlling von den Controllern wahrgenommen wird. Es scheint so, als ob in den etablierten Fachzeitschriften des Controllings die Beiträge über IT-Controlling zugenommen haben. Es wäre sicher interessant, hier einmal eine genauere Untersuchung durchzuführen. Die Durchsicht einiger etablierter Bücher und Controlling-Lexika ergab Folgendes (ohne Anspruch auf Vollständigkeit): Das Standardwerk von Peter Horváth über Controlling enthält ein komplettes Kapitel über die »Koordination des computergestützten Informationssystems« (S. 657-743), allerdings geht es hier nicht nur um das Controlling der IT, sondern auch um die IT-Unterstützung des Controllings. Auch das in der 7. Auflage vorliegende Werk »Controlling mit Kennzahlen und Managementberichten« von Thomas Reichmann enthält ein Kapitel über »das Informationsverarbeitungs-Controlling« (S. 699-732). Auch in den gängigen Controlling-Lexika findet man entsprechende kurze Einträge, so z.B. in Vahlens Großem Controlling-Lexikon (2. Auflage) die Einträge »IT-Controlling«, »IT-Ideen-Controlling«, »IT-Infrastrukturcontrolling«, »IT-Nutzenbewertung«, »IT-Outsourcing«, »IT-Produktcontrolling« und »IT-Projektcontrolling«. Auch einen Beitrag zum Thema »Total Cost of Ownership« findet man im genannten Werk. Auch das »Controlling-Lexikon« von Franz-Jürgen Witt enthält Einträge zu »DV-Controlling«, »IT-Controlling« »Internet- und Intranet-Controlling« und »Service Level

Agreements«. Der Sammelband »Bereichscontrolling« (herausgegeben von Utz Schäffer und Jürgen Weber) enthält ebenfalls ein Kapitel über »IT-Controlling« (S. 325-368) mit zwei integrierten Praxisberichten.

Dr. Martin Kütz
Kuetz.Martin@tesycon.de

Vermehrte Nachfrage nach IT-Risikomanagement

Das Sicherheits- und Katastrophenmanagement bezweckt, reale Schäden an der Informationsinfrastruktur und an den Informationssystemen und Datenbanken sowie die daraus resultierenden wirtschaftlichen Schäden zu vermeiden. Um ein effektives Sicherheitsmanagement betreiben zu können, müssen eine Risikoanalyse erstellt, Sicherheitsziele formuliert und geeignete Maßnahmen zur Hand genommen werden. Zweck der Risikoanalyse ist es, Aussagen über die Sicherheit der Infrastruktur sowie der Anwendungssysteme machen zu können. Dazu müssen die Bedrohungen zusammengestellt, ihre Eintrittswahrscheinlichkeit festgelegt und die Schadenshöhe abgeschätzt werden.

Eine Systematik für softwarebasierte Sicherungssysteme unterscheidet folgende Bereiche: Personal, Gebäude und Räumlichkeiten, Rechnersysteme, Kommunikationssysteme, Systemsoftware, Anwendungssysteme, Datenbestände und Data Warehouse. Neben einer Werkzeugunterstützung sind die Verantwortlichen des Informationsmanagements aufgefordert, die unterschiedlichen Schutzmechanismen der Sicherungssysteme aufeinander abzustimmen und das gesamte Sicherheitsdispositiv zu bewerten und umzusetzen.

FP7 – Siebtes Rahmenprogramm für ICT in der Startphase

Die Europäische Union investiert in den nächsten Jahren neun Milliarden Euro in das siebte Rahmenprogramm für die Informations- und Kommunikationstechnologien (FP7 oder 7th Framework Programme genannt; siehe unter *www.cordis.europa.eu/fp7/ict*). Der Aufruf 2007 umfasst folgende Gebiete:

- Pervasive and Trusted Network and Service Infrastructures
- Cognitive Systems, Interaction, Robotics
- Components, Systems, Engineering
- Digital Libraries and Content
- Towards Sustainable and Personlized Healthcare
- ICT for Mobility, Environmental Sustainability and Energy Efficiency
- ICT for Independent Living and Inclusion
- Future and Emerging Technologies
- Horizontal Support Actions and International Cooperation

Bei der Ausschreibung wird ersichtlich, dass die Informations- und Kommunikationstechnologien vermehrt für Querschnittsfunktionen verwendet werden sollen, nicht zuletzt zur Erhöhung der Mobilität, dem Zugang zu digitalen Wissensbanken, der Erhöhung der Wettbewerbskraft, aber auch der Erhaltung der Gesundheit. Unter Nutzung von Informations- und Kommunikationstechnologien soll im europäischen Raum die Informations- und Wissensgesellschaft gestärkt und weiterentwickelt werden, zudem werden internationale Kooperationsprojekte angestrebt.

Prof. Dr. Andreas Meier
Andreas.Meier@unifr.ch

Bücher

Roland Blomer, Hartmut Mann, Martin Bernhard (Hrsg.)

Praktisches IT-Management

Controlling, Kennzahlensysteme, Konzepte

Symposion Publishing GmbH, Düsseldorf, 2006, 521 S., € 89,00, ISBN 3-936608-82-2

Um es gleich vorwegzunehmen: Das Buch hat sowohl den Charme als auch die Schwächen der »Patchwork«-Veröffentlichungen. Was man an Themenbreite gewinnt, verliert man in der Regel an inhaltlicher Tiefe. Worum geht es hier unter dem Titel »Praktisches IT-Management«? Schon der Untertitel »Controlling, Kennzahlensysteme, Konzepte« zeigt die Richtung der 20 Fachbeiträge plus Einleitung, Vorwort und Ausblick von insgesamt 34 Autoren. Alles in allem erhält der Leser stolze 521 Seiten Papier und eine CD.

Nun zu den Inhalten. Das erste Kapitel trägt den Titel »Kosten- und Leistungsrechnung in der IT« und fasst darunter 5 Beiträge zusammen. So intensiv wird das Thema selten behandelt. Die ersten 3 Beiträge bewegen sich auf der konzeptionellen Ebene und versuchen sich an »Gesamtmodellen«, zwei Beiträge stellen Möglichkeiten der praktischen Umsetzung vor. Positiv anzumerken ist, dass vollständige Konzeptionen vorgestellt werden, die ihre Herkunft aus dem Bereich der industriellen Kostenrechnung erkennen lassen. Der nachvollziehbare Durchstich in die Praxis fehlt jedoch bzw. ist nur in Ansätzen erkennbar. Der klassische Desktop ist natürlich als Beispiel vertreten, aber wie geht man mit den komplexen Anwendungssystemen aus der ERP-Liga um? Hier findet der Leser Hinweise, aber leider nicht viel mehr.

Das zweite Kapitel »IT-Wertmanagement und IT-Kennzahlen« umfasst 7 Beiträge. 3 Beiträge befassen sich mit CobiT und ITIL und zeigen auf, welche Bedeutung diese beiden Rahmenwerke inzwischen für die Praxis erlangt haben. Ein Beitrag behandelt die Methode der »Information Capital Readiness« zur Darstellung des Wertbeitrags der IT. Mittels einer spezifischen Anwendung der Nutzwertanalyse wird qualitativ bewertet, wie gut die IT das Geschäft unterstützt. Ein weiterer Beitrag zeigt auf, wie man mit Methoden des Service Engineering die Effizienz einer IT-Organisation steigern kann. Für den Praktiker besonders von Interesse dürfte ein Beitrag über die Gestaltung des Planungsprozesses in der IT sein. Das Kapitel schließt mit einer Übersicht über einige Kennzahlensammlungen für die IT, u.a. CobiT und ITIL. Obgleich einige der Beiträge sehr interessant sind, lässt dieses Kapitel eine gewisse konzeptionelle Geschlossenheit vermissen.

Das dritte Kapitel ist mit 5 Beiträgen dem »IT-Controlling« gewidmet. Behandelt werden Projekt-, Produkt- und Vertragscontrolling sowie die Wertbeitragsermittlung der IT. Ein fünfter Beitrag beschreibt die konkrete Ausgestaltung des IT-Controllings bei einem mittelständischen IT-Dienstleister. Der Beitrag über Projektcontrolling entpuppt sich als Beitrag zum Thema Projektportfolio-Management. Wer nach Ansätzen zur Steuerung einzelner Projekte sucht, wird enttäuscht. Enttäuschend ist auch der Beitrag über den Wertbeitrag der IT, der letztlich ebenfalls nur Spielarten des Projektportfolio-Managements behandelt. Lichtblicke sind vor allem der Praxisbericht und der Beitrag über Vertragscontrolling – vermutlich deshalb, weil hier konkrete Praxiserfahrungen wiedergegeben werden.

Das Buch schließt im vierten Kapitel »IT-Benchmarking« mit 3 Beiträgen. Wer nach Benchmarks sucht, wird auch hier keine konkreten Zahlen finden. Alle 3 Beiträge befassen sich mit der Systematik des (IT-)Benchmarkings, bleiben aber auf der konzeptionellen Ebene. Wie man Benchmarking in der Praxis »zum Fliegen« bringt, erfährt der Leser nicht. Das mag daran liegen, dass Benchmarking in der IT ein kommerzielles Geschäft ist, aus dem auch die Autoren kommen. Dem Leser wird Appetit gemacht, aber er bleibt hungrig.

Insgesamt zeigt das Buch Glanz und Elend des IT-Controllings. Eigentlich wissen alle Beteiligten, sowohl die Verantwortlichen in den Unternehmen als auch Wissenschaftler und Berater, was zu tun ist. Aber es hapert an der konsequenten, praktischen Umsetzung. In den positiven, insbesondere den praxisnahen Beiträgen weist das Buch in die richtige Richtung, aber recht oft bleiben die Beiträge auf der Ebene des »Was« stecken und kommen nicht mehr zum »Wie«. Wenn man als IT-Controller auf eine einsame Insel verbannt wird und nur 10 Bücher mitnehmen darf, wird dieses Buch nicht dazu gehören. Aber viele der Beiträge sind lesenswert, enthalten interessante Hinweise für die eigene Arbeit und regen zum Nach- und Weiterdenken an. Ein Business Case zum Kauf des Buches würde einen positiven »Wertbeitrag« ermitteln.

Dr. Martin Kütz
TESYCON GmbH
Postfach 1529
65765 Kalkheim (Taunus)
Kuetz.Martin@tesycon.de
www.tesycon.com

Kongresse – Tagungen – Messen 2007

April

19.-20.04.2007, Bamberg
tekom-Frühjahrstagung 2007
http://www.tekom.de/tagung/tagung.jsp

24.-26.04.2007, Bad Neuenahr/Bonn
5. meetIT!L-Kongress
meetIT!L 2007 – »Der Blick nach vorn«
http://www.itsmi-kongress.de/

25.-27.04.2007, Düsseldorf
Software & Systems Quality Conferences
http://www.sqs-conferences.com/de/

Mai

03.-05.05.2007, Dornbirn
Intertech bodensee
18. Internationale Technologiemesse
http://www.dornbirnermesse.at/

07.-11.05.2007, Wiesbaden
JAX 2007 / Enterprise Architektur Konferenz / Eclipse Forum Europe
www.jax.de

08.-09.05.2007, Zürich
SET 2007
Software Engineering Today – 4th International Conference
http://www.set-conference.com/

11.05.2007, Karlsruhe
Entwicklertag 2007
http://www.andrena.de/ObjektForum/

21.-23.05.2007, Frankfurt/Main
webinale 07
Konferenz für das Next Generation Web
http://www.webinale.de/

21.-24.05.2007, Paris
ITIL Forum 2007
http://www.itil.fr/

31.05.2007, Köln
3. PRINCE2-Tag Deutschland
http://www.prince2tag.de/

Juni

04.-06.06.2007, München
SEE 2007
Vorgehensmodelle, Prozesse & Techniken des Software & Systems Engineering
http://2007.see-conf.de/

11.-13.06.2007, München
TDWI 2007
5.th European TDWI conference
http://www.sigs-datacom.de

11.-15.06.2007, Trondheim, Norway
CAiSE'07
The 19th International Conference on Advanced Information Systems Engineering
http://caise07.idi.ntnu.no

18.-20.06.2007, Frankfurt/Main
International SPICE Days
http://www.isqi.org/isqi/deu/conf/spicedays/2007/

24.-28.06.2007, Zürich
Jazoon 07
Int. Konferenz für Java-Technologie
http://www.jazoon.com/jazoon/de

Juli

05.07.2007, Stuttgart
Java Forum Stuttgart
http://www.jugs.de/jfs.html

30.07.-03.08.2007,Berlin
ECOOP 2007
21st European Conference on Object-Oriented Programming
http://2007.ecoop.org/

Tipps, Hinweise und Inputs sind willkommen: HMD@dpunkt.de

August

27.-28.08.2007, Wien
ICKM 2007
4th International Conference on Knowledge Management 2007
http://www.ickm2007.org

27.-30.08.2007, München
ICGSE 2007
2nd Intl. Conference on Global Software Engineering
http://www.icgse.org/

September

03.-07.9.2007, Regensburg
EC-Web 2007
8th International Conference on Electronic Commerce and Web Technologies
http://www.dexa.org

24.-28.09.2007, Bremen
Informatik 2007
37. Jahrestagung der Gesellschaft für Informatik
http://www.informatik2007.de/

25.-26.09.2007, Zürich
Software & Systems Quality Conferences 2007 Schweiz
http://www.sqs-conferences.com/ch/index.htm

26.-28.09.2007, Potsdam
Conquest 2007
10th Int. Conference on Quality Engineering in Software Technology
http://www.isqi.org/isqi/deu/conf/conquest/2007/

Oktober

08.-09.10.2007, St. Goar
EMISA 2007
The 2nd International Workshop on Enterprise Modelling and Information Systems Architectures
http://www.icb.uni-due.de/emisa07

15.-19.10.2007, Delhi, India
RE'07
15th IEEE International Requirements Engineering Conference
»Understanding Requirements in the Global Economy«
http://www.re07.org

23.-26.10.2007, München
Systems 2007
http://www.systems-world.de/

November

05.-09.11.2007, München
WJAX 2007
http://jax.de/

07.-09.11.2007, Wiesbaden
tekom-Jahrestagung
http://www.tekom.de/tagung/tagung.jsp

Dezember

04.-05.12.2007, Berlin
ITSMF Jahreskongress 2007
»IT Changes – change IT«
http://www.itsmf.de

Januar 2008

21.-25.01.2008, München
OOP 2008
www.sigs-datacom.de

Vorschau*

HMD 255: Web 2.0 (06/07)

- Geschäftsmodelle und Regelkreise
- Wertschöpfung mit Web 2.0
- SOA und Web 2.0 – ein Vergleich
- Projektmanagement in WEB 2.0-Projekten
- Serviceentwicklung
- Ajax, Mashups, Wikis
- Juristische Aspekte und Gefahren

HMD 256: IT-Industrialisierung: Standards, Methoden, Werkzeuge (08/07)

IT hat in der Vergangenheit im Prozess der Industrialisierung vieler Branchen einen wichtigen Beitrag geleistet; seit einigen Jahren wird sie selbst zunehmend als Gegenstand einer längst überfälligen »Industrialisierung« betrachtet.

Allgemein geht es dabei um die Übertragung typischer aus Industrieunternehmen stammender Konzepte auf das Informationsmanagement. Ziele hierbei sind die Steigerung von Effizienz und Effektivität der betrieblichen IT-Bereiche sowie von externen IT-Dienstleistern. Beispiele für übertragbare Industrialisierungskonzepte sind Automatisierung, Standardisierung von Prozessen und Produkten, Komponentenorientierung und Modulbauweise, Plattformstrategien, Wiederverwendung, kontinuierliche Verbesserung, verbunden mit einem Streben nach Mess- und Steuerbarkeit, Arbeitsteilung und Reduktion der Fertigungstiefe sowie eine globale Beschaffung.

Viele dieser Konzepte haben Eingang gefunden in die Softwareentwicklung, zudem aber auch in den IT-Betrieb, insbesondere das IT-Servicemanagement. Selbst IT-Governance kann sich Themen wie der Standardisierung durch Referenzmodelle nicht entziehen.

Ziel des HMD-Heftes 256 ist es aufzuzeigen, in welchen konkreten Formen sich die genannten Konzepte in der modernen IT manifestieren und auf welche Bereiche sie sich erstrecken. Neben konzeptionellen Beiträgen und Fallstudien werden insbesondere Erfahrungsberichte von Unternehmen, die sich hier in einer Vorreiterrolle sehen, darlegen, wie weit das Phänomen der Industrialisierung unsere Branche bereits durchdrungen hat.

Hans-Peter Fröschle
hpf@i-t-consult.de
Prof. Dr. Susanne Strahringer
Susanne.Strahringer@ebs.de

HMD 257: IT-Integration & Migration (10/07)

Integration und Migration sind so alt wie die Informationsverarbeitung selbst. Integration von Systemen und Anwendungen, Migration von manuellen auf maschinelle Verfahren, von Legacy-Systemen zum State-of-the-Art, Releasewechsel oder Upgrade, neue Hardware, Datenbanken oder Betriebssysteme – immer gibt es etwas zu tun, oft wird dabei Neuland betreten.

Aktuelle Beispiele für Integration und/oder Migration sind etwa serviceorientierte Architekturen, Linux und Open-Source-Software, der Übergang von stationären zu mobilen Anwendungen, Web 2.0, SAP NetWeaver, Prozess- und Wertschöpfungskettenintegration (z. B. Supply Chain Management), zentrale Stammdatenadministration usw.

Typische Fragen hierzu sind: Welche Entwicklungstrends zeichnen sich ab, wie weit muss/kann/soll integriert werden? Wie wird vorgegangen, was ist zu beachten, wodurch zeichnen sich erfolgreiche Projekte aus? Wo gibt es neue Probleme, existieren schon Lösungsansätze? Wie erfolgen Integrations- und Migrationsprojekte bei weltweit verteilten

* Änderungen vorbehalten

mobilen Anwendungen (PDA) oder ERP-Systemen?

Im HMD-Heft 257 werden diese Themen aufgegriffen und diskutiert. Vorgesehen sind – neben konzeptionellen Grundlagen – insbesondere aktuelle praxisorientierte Beiträge sowie Projekt- und Erfahrungsberichte über Strategien, Methoden und Techniken zum Thema Integration und Migration.

Prof. Dr. Knut Hildebrand
knut.hildebrand@t-online.de

HMD 258: Enterprise Content Management – vom Dokument zur Information (12/07)

Mit Enterprise Content Management (ECM) werden Technologien und Anwendungslösungen zur Erfassung, Speicherung, Verwaltung, Aufbewahrung und Bereitstellung von Inhalten und Dokumenten zur Unterstützung organisatorischer Prozesse bezeichnet (*www.aiim.org/*). Mit ECM liegt damit ein Ansatz vor, der den Anspruch hat, Informationen und Dokumente nicht nur zu »verwalten«, sondern alle Informationen eines Unternehmens auf einer einheitlichen Plattform zur Nutzung bereitzustellen.

Unter technologischen Gesichtspunkten besteht die Herausforderung von ECM im Wesentlichen darin, die erforderlichen Komponenten in einer entsprechenden IT-Architektur zur Verfügung zu stellen. Aktuelle Themen sind hierbei die komponentenbasierte, redundanzfreie Bereitstellung von Informationen als Service, unabhängig von der Quelle und unabhängig von der Nutzung, Aufbau eines einheitlichen Repositories für alle Informationstypen sowie deren nutzungsorientierte Integration. Auch die Integration von wissensbasierten Ansätzen in Content-Management-Systeme stellt eine Herausforderung dar.

Unter organisatorischen Gesichtspunkten ergibt sich daraus die Anforderung, die entsprechende IT-Infrastruktur streng an den Erfordernissen der jeweiligen – informationsnutzenden und -verarbeitenden – Geschäftsprozesse, d. h. über den gesamten Lebenszyklus von Informationen hinweg, auszurichten. Aktuelle Anforderungen eines revisionssicheren Umgangs mit Dokumenten und Informationen sind hierbei zu berücksichtigen.

Diesen Gesichtspunkten wird das HMD-Heft 258 durch Fachbeiträge zu aktuellen technischen Entwicklungen sowie durch Praxisberichte und Fallstudien des Einsatzes von ECM gerecht.

Hans-Peter Fröschle
hpf@i-t-consult.de
Dr. Siegfried Reich
sreich@salzburgresearch.at

HMD 259: Customer & Supplier Relationship Management (02/08)

Prof. Dr. Susanne Strahringer
Susanne.Strahringer@ebs.de

HMD 260: IT-Projektmanagement im Wandel (04/08)

Dipl.-Physiker Michael Mörike
michael.moerike@gmx.de

HMD 261: Webbasierte Geschäftsmodelle (06/08)

Dr. Josephine Hofmann
josephine.hofmann@iao.fhg.de
Prof. Dr. Andreas Meier
andreas.meier@unifr.ch

Neben dem jeweiligen Schwerpunkt werden auch andere aktuelle Themenstellungen behandelt.

Wenn Sie zu einem der oben genannten Hefte einen Beitrag leisten wollen oder Anregungen haben, wenden Sie sich bitte an den zuständigen Herausgeber oder die Redaktion (Anschrift siehe Impressum). Wenn Sie sichergehen wollen, dass Ihr Vorschlag bei entsprechender Eignung berücksichtigt werden kann, wenden Sie sich bitte spätestens ca. 6–8 Monate vor Erscheinungstermin des jeweiligen HMD-Heftes an uns.

Stichwortverzeichnis

Dieses Stichwortverzeichnis umfasst alle HMD-Beiträge ab Heft 253 (Februar 2007). Stichwörter vor Heft 253 finden Sie im Jahresregister 2002–2006 unter *http://hmd.dpunkt.de/archiv.*

Impressum

HMD – Praxis der Wirtschaftsinformatik wurde 1964 als »Handbuch der maschinellen Datenverarbeitung« gegründet. Ab Heft 150 bis Heft 201 lautete der Titel »HMD – Theorie und Praxis der Wirtschaftsinformatik«. – ISSN 1436-3011 – 44. Jahrgang – ISBN 978-3-89864-452-5

HMD-Ziel ist es, den anwendungsorientierten Bereich der Wirtschaftsinformatik für den deutschsprachigen Raum abzudecken. HMD wendet sich vorrangig an Wirtschaftsinformatiker in der Praxis, will aber auch Studierenden praxisorientiertes Wissen auf wissenschaftlicher Basis vermitteln. Die Qualitätssicherung eingereichter Beiträge erfolgt über ein doppeltes Begutachtungsverfahren (fachlich zuständiger Herausgeber und zweiter Experte als Blindgutachter) sowie durch interne Reviews im Herausgeberkreis nach Erscheinen eines Heftes.

Verlag und Vertrieb: dpunkt.verlag GmbH • Ringstraße 19 b • 69115 Heidelberg • Tel. 0 62 21/14 83 40 • Fax 0 62 21/14 83 99 • wilbert@dpunkt.de

HMD-Redaktion: Christa Preisendanz • HMD@dpunkt.de • http://hmd.dpunkt.de

Anzeigen: Antje Nicklas • Tel. 06221-148324 • nicklas@dpunkt.de
Anzeigenpreisliste Nr. 25 vom 1. 1. 2007.

Herausgeber:
Prof. Dr. Susanne Strahringer (verantwortliche Schriftleiterin) • European Business School, International University Schloss Reichartshausen •
65375 Oestrich-Winkel • Tel. 06723-69251 •
Mobil 0172-6649145 • susanne.strahringer@ebs.de
Hans-Peter Fröschle M.A. • i.t-consult GmbH • Alexanderstr. 20 • 70184 Stuttgart • Tel. 0711-7829595-10 • Mobil 0171-3197810 • hpf@i-t-consult.de • www.i-t-consult.de
Prof. Dr. Knut Hildebrand • Hochschule Darmstadt • Fachbereich Wirtschaft • Haardtring 100 • 64295 Darmstadt • Tel. 06151-16-8395 • Mobil 0177/3884400 • knut.hildebrand@t-online.de
Prof. Dr. Andreas Meier • Universität Fribourg •
Bd de Pérolles 90 • CH-1700 Fribourg •
Tel. 0041/26/3008322 • andreas.meier@unifr.ch
Dipl.-Kfm. Stefan Meinhardt • SAP Deutschland AG & Co. KG • Neurottstraße 15 a • 69190 Walldorf •
Tel. 06227/74–3801 • Mobil 0171/3363279
stefan.meinhardt@sap.com
Dipl.-Physiker Michael Mörike • Vor dem Kreuzberg 28 • 72070 Tübingen • Tel. 0172/7400482 •
michael.moerike@gmx.de • www.moerike.net
Prof. Dr. Heinz Sauerburger • Hochschule Furtwangen •
Gerwigstraße 11 • 78120 Furtwangen •
Tel. 0171/5515974 • sauerburger@fh-furtwangen.de

Gastherausgeber von HMD 254:
Dr. Martin Kütz
TESYCON GmbH
Johann-Strauß-Str. 13
65779 Kelkheim (Taunus)
kuetz.martin@tesycon.de
www.tesycon.com

Copy-Editing: Ursula Zimpfer, Herrenberg
Satz und Herstellung: Josef Hegele, Heiligkreuzsteinach
Umschlaggestaltung: Helmut Kraus, Düsseldorf
Druck: Koninklijke Wöhrmann B. V., Zutphen, Niederlande

Bezugsbedingungen (Stand 1. 1. 2007): Erscheinungsweise: 6 Ausgaben pro Jahr • Lieferung im Jahresabonnement gegen Vorausberechnung. 6 Lieferungen = € 122,00 (D) zzgl. Versandpauschale (Inland € 9,40, Ausland € 15,00). Schuber € 8,00; der Schuber ist gesondert zu bestellen. Das Abonnement verlängert sich zu den jeweils gültigen Bedingungen um ein Jahr, wenn es nicht 8 Wochen vor Ablauf des Bezugszeitraums schriftlich gekündigt wird. GI-/SwissICT-/DOAG-/itSMF- und BITKOM-Mitglieder erhalten eine Ermäßigung von 25 %, Studenten erhalten eine Ermäßigung von 50 % auf das Abo.
Einzelheft € 24,00 (D) zzgl. Versandkosten.